FORSCHUNGSBERICHTE DES LANDES NORDRHEIN-WESTFALEN

Herausgegeben
im Auftrage des Ministerpräsidenten Dr. Franz Meyers
von Staatssekretär Professor Dr. h. c. Dr. E. h. Leo Brandt

DK 669.181.48

Nr. 1057

Prof. Dr.-Ing. Dr.-Ing. E. h. Hermann Schenck
Dr.-Ing. Werner Wenzel
Dr.-Ing. Hanns-Dieter Butzmann

Institut für Eisenhüttenwesen der Technischen Hochschule Aachen

Die Reduktion von Eisenerzen im heterogenen Wirbelbett

D 82 (Diss. TH Aachen)

Als Manuskript gedruckt

WESTDEUTSCHER VERLAG / KÖLN UND OPLADEN

1961

ISBN 978-3-663-03469-8   ISBN 978-3-663-04658-5 (eBook)
DOI 10.1007/978-3-663-04658-5

Gliederung

	Seite
1. Einleitung	5
2. Das Wirbelbett	8
2.11 Bemerkungen zur Nomenklatur	8
2.12 Die charakteristischen Eigenschaften von Wirbelbetten	10
2.13 Definition des heterogenen Wirbelbettes	11
2.2 Betrachtungen zur Fallgeschwindigkeit einer Komponente im heterogenen Wirbelbett	13
3. Die Reduktion	24
3.1 Der Reduktionsgrad	24
3.2 Die Reduktion von Eisenerzen	25
3.21 Gleichgewichte	25
3.22 Die Kinetik der Reduktionsvorgänge	26
3.23 Die Reduktionsgeschwindigkeit	29
4. Die Reduktion von Eisenerz im heterogenen Wirbelbett	36
4.1 Reduktion im nichtkontinuierlich betriebenen Wirbelbett	36
4.11 Versuchsapparatur	36
4.12 Versuchsergebnisse	38
4.13 Auswertung der Versuchsergebnisse	43
4.131 Die Temperaturabhängigkeit des Reduktionsgrades	43
4.132 Die Zeitabhängigkeit des Reduktionsgrades	45
4.133 Der Einfluß des reduzierenden Mediums	47
4.134 Der Einfluß der Korngröße	50
4.135 Der Einfluß verschiedener stabiler Bettkomponenten	52
4.136 Sintererscheinungen in Wirbelbetten bei der Reduktion	54
4.2 Reduktion im kontinuierlich betriebenen heterogenen Wirbelbett	54
4.21 Versuchseinrichtung	54
4.22 Deutung der Versuchsergebnisse	56
4.221 Der Einfluß der Temperatur und der Korngröße	56

  Seite

    4.222 Der Einfluß des reduzierenden Mediums 59

    4.223 Der Einfluß der Durchsatzmenge auf den
          Reduktionsgrad 60

    4.224 Der Einfluß der Versuchsdauer 61

    4.225 Sintererscheinungen 62

    4.226 Betrachtungen zur Gasausnutzung und zum
          Kohleverbrauch 62

5. Zusammenfassung 66

6. Tabellen 69

7. Erklärung der verwendeten Zeichen und Symbole 84

8. Literaturverzeichnis 85

1. Einleitung

Ein großer Teil der Entwicklungsarbeiten auf dem Gebiet der Gewinnung des Eisens aus seinen Erzen erfolgt gegenwärtig in Richtung der sogenannten "direkten Verhüttungsverfahren", die das Roheisen als Zwischenstufe zu dem als Endprodukt angestrebten Stahl ausschließen wollen.

Diese Entwicklungsrichtung beruht in erster Linie auf der Rohstofflage, die in vielen Ländern, die als Standort für eine Eisenindustrie erwünscht sind, die Erstellung von Hochöfen ausschließen. Daneben spielt aber auch der Gesichtspunkt eine Rolle, daß die weitere Entwicklung dieser "direkten" Eisengewinnungsverfahren infolge der Umgehung des Hochofenprozesses zu einer besonders wirtschaftlichen Methode der Stahlerzeugung führen könnte.

Es gibt bereits eine sehr große Anzahl solcher Eisengewinnungsverfahren außerhalb des Hochofens. Eine Übersicht über die bedeutendsten Verfahren wurde in der in der Abbildung 1 wiedergegebenen Einteilung der Verhüttungsverfahren vermittelt [1].

In dieser Einteilung der Eisengewinnungsverfahren ist eine der größten Gruppen die Gruppe der Fließbett- oder Wirbelbettverfahren. Diese stellen insgesamt das jüngste Glied in der Verfahrensentwicklung auf dem Gebiet der Eisenverhüttung dar.

Die vorliegende Arbeit beschäftigt sich mit den Vorzügen und den Schwierigkeiten der Wirbelbettreduktionsverfahren. Der experimentelle Teil der Arbeit ist auf die Herausarbeitung von Verfahrensmöglichkeiten gerichtet, eine der wesentlichsten Schwierigkeiten, die heute die Anwendung der Wirbelbettverfahren noch stark behindert, zu beseitigen. Diese Schwierigkeit besteht darin, daß anreduzierte Erze dazu neigen, schon ab etwa 600° C zusammenzusintern. Hierdurch wird ein Arbeiten im Wirbelzustand unmöglich gemacht, sofern nicht Möglichkeiten gefunden werden, das Zusammensintern zu vermeiden.

Dem Nachteil einer Sinterung kann z.B. auf folgenden Wegen begegnet werden:
1. Durchführung des Prozesses bei tiefen Temperaturen. Dabei müssen hohe Drücke angewendet werden, um eine genügend hohe Reduktions-

geschwindigkeit zu erzielen. Für dieses Verfahren eignet sich nur Wasserstoff, da dieser bereits bei ca. 500° C eine wirtschaftlich ausreichende Reduktionsgeschwindigkeit ermöglicht. Kohlenoxyd ist nicht geeignet, da sein Zerfall durch hohe Drücke zu stark begünstigt würde. (H-Iron-Verfahren) [2]

2. Umwandlung der Eisenoxyde in Eisenkarbid bei 600° C. Danach Reduktion von Eisenoxyd mittels Eisenkarbid bei 750° C. (Stelling-Verfahren) [3]
3. Durchführung des Prozesses bei hohen Gasgeschwindigkeiten in der Nähe des oberen Fließpunktes. (Novalfer-Verfahren) [4]
4. Eine Hilfskomponente bildet das Wirbelbett, in welches das Feinerz eingebracht wird. Im statistischen Mittel sind dabei zwei Erzkörner durch ein dazwischen liegendes Korn der Hilfskomponente voneinander getrennt.

Diese letztere Möglichkeit, die im Elektro-Fließbett-Ofen [5] bereits angewendet wird, soll bei den vorliegenden Versuchen für Reduktionsreaktionen im Bereich von 600 bis 1000° C genutzt werden.

Einteilung der Eisengewinnungsverfahren				
Gruppe 1. Ordnung	Gruppe 2. Ordnung	Gruppe 3. Ordnung	Gruppe 4. Ordnung	Verfahren
1. Festbettverfahren	1.1 Schachtofenverfahren	1.11 Schachtöfen mit flüss. Endprodukt	1.111 Blas-Schachtöfen	1.1111 Hochofen / 1.1112 Niederschachtofen
			1.112 Elektro-Schachtöfen	1.1121 Elektro-Niederschachtofen
		1.12 Schachtöfen mit festem Endprodukt	1.121 Gas-Schachtöfen mit äußerer Erhitzung des Gases	1.1211 Wiberg / 1.1212 Finsider
			1.122 Gas-Schachtöfen mit innerer Erhitzung	1.1221 Norw. H-Iron / 1.1222 Lurgi-Galluser
	1.2 Kammerverfahren	1.21 Reduktionskammern mit innerer Erhitzung	1.211 Einkammerverfahren / 1.212 Mehrkammerverfahren	1.2111 Madaras / 1.2121 Norsk Staal / 1.2122 Monterrey
		1.22 Reduktionskammern mit äußerer Erhitzung	1.221 Ortsbewegliche Muffeln / 1.222 Festangeordnete Retorte	1.2211 Höganäs / 1.2221 Eisenkoks
	1.3 Wanderbettverfahren	1.31 Wanderrostverfahren	1.311 Sinterverfahren	1.3111 Koksüberschußsintern / 1.3112 Sinterreduktion
			1.312 Band-Gasreduktionsverfahren	1.3121 Bandreduktion v. Feinerz / 1.3122 Bandreduktion v. Pellets
		1.32 Tunnelofenverfahren		
2. Mechanisch durchmischte Reaktionsbetten	2.1 Drehofenverfahren	2.11 Drehöfen mit flüssigem Endprodukt	2.111 Kontinuierlich arbeitende Verfahren	2.1111 Basset
			2.112 Periodisch arbeitende Verfahren	2.1121 Stürzelberg
		2.12 Drehöfen mit festem Endprodukt	2.121 Luppen-Verfahren / 2.122 Eisenschwammverfahren	2.1211 Krupp-Renn / 2.1221 Krupp-Eisenschwamm / 2.1222 R.-N. / 2.1223 Bureau of Mines (Laramie) / 2.1224 Azincourt / 2.1225 Kalling-Avesta / 2.1226 Kalling-Domnarved / 2.1227 Scorfecci
3. Flüssigphase-Verfahren	3.1 Herdofenverfahren	3.11 S.-M.-Roheisen-Erz-Verfahren	3.111 Einofenverfahren	3.1111 Talbot / 3.1112 Hoesch
			3.112 Mehrofenverfahren	3.1121 Bertrand-Thiel
		3.12 Elektroofen Roheisen-Erz-Verfahren	3.121 Durrer-Heintze Verfahren	
4. Staub-Schwebe-Verfahren	4.1 Strahlverfahren	4.11 Freistrahlverfahren / 4.12 Wirbelbrenner-Verfahren	4.111 Jet-Smelting / 4.121 Cyclo Steel / 4.122 Schmelzzyclon	
	4.2 Fließbett-(Wirbelbett)-Verfahren	4.21 Fließbett mit flüssigem Endprodukt	4.211 Elektrofließbett	
		4.22 Fließbett mit festem Endprodukt	4.221 Reine Reduktionsfließbetten	4.2211 H-Iron / 4.2212 Shipley / 4.2213 Novalfer / 4.2214 Heterofließbett
			4.222 Konversionsfließbetten	4.2221 Little / 4.2222 Stelling / 4.2223 CO-C

Abbildung 1
Verfahren zur Eisengewinnung

Vom Standpunkt der Gasausnutzung sind die Wirbelbettverfahren im allgemeinen unbefriedigend, da das mit ihnen erzielbare mittlere Verhältnis von H_2/H_2O oder CO/CO_2, das die Wirtschaftlichkeit stark beeinflußt, nur ungünstige Werte erreicht. Die obere Grenze für den Grad der Gasausnutzung ist durch die Gleichgewichtslage gegeben. Danach ist weder bei der Reduktion von Magnetit zu Wüstit noch bei der von Wüstit zu Eisen ein vollständiger Umsatz des Reduktionsgases möglich.

Wird die Gasausnutzung als prozentual umgesetzte Gasmenge definiert:

$$\eta = \frac{\text{zu } H_2O \text{ bzw. } CO_2 \text{ umgesetzter } H_2 \text{ bzw. CO - Anteil}}{\text{eingebrachte Menge } H_2 \text{ bzw. CO}} \cdot 100$$

kann aus den Gleichgewichtslinien die Größe von η berechnet werden. Diese Zahl gibt einen Richtwert der erreichbaren Ausbeute.

Nach B. ILSCHNER [6] beträgt die maximale Gasausnutzung für Wasserstoff:

°C	700	800	900	1000
η	36%	43%	49%	52%

Bei einer Temperatur von 1000° C werden somit nur 52% des eingebrachten Wasserstoffs umgesetzt. Bei der Verwendung von Kohlenoxyd als Reduktionsmittel nimmt dagegen die Gasausnutzung mit steigender Temperatur ab. Sie ist bis zu Temperaturen von 760° C besser und darüber schlechter als die Gasausnutzung bei Verwendung von Wasserstoff.

Es wird daher angestrebt, diese nicht ausgenutzten Gase, nach der Entfernung der Reaktionsprodukte Wasserdampf oder Kohlensäure, im Kreislauf dem Prozeß wieder zuzuführen. Die Einrichtungen zur Gasreinigung und Gasrückführung wirken sich jedoch beträchtlich in der Höhe der Anlage- und der laufenden Kosten aus, und es ist zu beachten, daß diese zusätzlichen Kosten durch die erhöhte Gasausnutzung wieder hereingebracht werden müssen.

Die Vorteile der Reduktionsprozesse in Wirbelbetten lassen sich wie folgt zusammenfassen:

1. Anpassungsfähigkeit an gegebene Energiequellen.
2. Anpassungsfähigkeit an vorhandene Reduktionsmittel.
3. Möglichkeit zur Verarbeitung von Feinerzen.
4. Große Berührungsfläche zwischen Gas und Feststoff und damit kurze Reduktionszeiten.
5. Einfacher Transport von feinkörnigem Material nach dem System der Staubfließverfahren.
6. Einfache Konstruktion und geringe Kosten.
7. Weitgehend konstante Temperaturen in allen Teilen des Bettes.
8. Niedrige Temperaturen, welche die Ausmauerung der Reaktoren mit billigen feuerfesten Stoffen zulassen.

Die vorliegende Arbeit hat es sich zur Aufgabe gemacht, die Wirbelbett-Technik unter Berücksichtigung der speziellen Anforderungen der Erzreduktion weiter zu entwickeln. Dabei wird in der Hauptlinie der Entwicklung das Verhalten des heterogenen Wirbelbettes mit Eisenerz als Systemkomponente verfolgt.

2. Das Wirbelbett

2.11 Bemerkungen zur Nomenklatur

Seit der Entdeckung der Phänomene, die bei gasdurchströmten kleinkörnigen Feststoffbetten in einem gewissen Geschwindigkeitsbereich der Gasphase auftreten, hat es viele Vorschläge zur Bezeichnung dieser Zustände gegeben. Aus der Fülle der Bezeichnungen sind mit der Zeit zwei konkurrierende Vorschläge ausgewählt und als besonders günstig befunden und publiziert worden: die Begriffe "Wirbelschicht" und "Fließbett".

Die mannigfache Argumentation für und gegen beide Bezeichnungen sei zum Anlaß genommen, einige kritische Bemerkungen zur Nomenklatur beizutragen.

Beide Ausdrücke sind ungünstig gewählt und stellen Kompromisse dar, da es unmöglich erscheint, kurz und treffend den in der angelsächsischen Literatur üblichen und eingeführten Begriff "fluidized bed", der die Sachlage am besten beschreibt, zu übersetzen.

1. Der Begriff "Schicht" ist in diesem Zusammenhang nicht eindeutig, da das gleiche Wort in der Physik strömender Medien z.B. im Begriff "Grenzschicht", "Diffusionsschicht" usw. etwas völlig anderes ausdrückt als im Begriff "Wirbelschicht". Er ist physikalisch eindeutig definiert und nicht gut anwendbar, zumal es sich im Begriff "Schicht" zumeist und konventionell um kleine oder kleinste Abstände handelt. Dem Begriff "Bett" ist darum der Vorzug zu geben, da darin die Schwerkraft als bestimmende Kraft zum Ausdruck gelangt und die makroskopische Dimension sichergestellt ist.

2. Der Begriff "Wirbelschicht" ist zudem irreführend, da dieser bereits in der Hydrodynamik Verwendung findet und nach der umfangreichen physikalischen Literatur nicht eindeutig ist.

3. Andererseits ist das Wort "Fließ-" ungünstig gewählt, da es sich bei den betrachteten "Fließbettverfahren" meist um stationäre Vorgänge handelt, die keineswegs "Fließ"-erscheinungen aufweisen, indem sich hiermit die Ortsbeweglichkeit von Stoffen in eindeutiger Bewegungsrichtung verbindet.

   Der Begriff ist eindeutig in den Fällen, in denen feinverteilte Feststoffteilchen durch ein strömendes Medium transportiert werden, also wirklich "fließen". Dieses Phänomen des "Fließens" aufgewirbelter Feststoffe findet Anwendung in der Technik in den sog. Polysiusrinnen.

4. Auch der Begriff "Wirbeln" ist nicht eindeutig, da bei dem Übergang von einem Festbett zu einem aufgewirbelten Bett die Feststoffteilchen zunächst noch an einem Platz fixiert erscheinen und erst bei höheren Gasgeschwindigkeiten zu "Wirbeln" beginnen. Es würde demnach von einem "Wirbelbett" zu sprechen sein, ohne daß ein Wirbelzustand vorliegt. Dieser Einwand wird jedoch als weniger schwerwiegend erachtet, weil im weitaus größten Bereich der Strömungsgeschwindigkeiten, die zu dem kennzeichnenden Bettzustand führen, ein ausgesprochenes "Wirbeln" der Feststoffteilchen vorliegt. Aus diesen Gründen ist als Kompromiß der Bezeichnung "Wirbelbett" der Vorzug zu geben, da dieser einerseits die Schwerkraft als bestimmende Kraft enthält, andererseits aber auch dem eigenartigen Bewegungszustand der Feststoffteilchen am besten gerecht wird.

   Der Begriff "Fließbett" sollte nur in den Fällen Verwendung finden, in denen wirkliche "Fließvorgänge" staubförmiger Feststoffe erfolgen.

2.12 Die charakteristischen Eigenschaften von Wirbelbetten

Wird ein Kornhaufwerk von unten von einem Gas oder einer Flüssigkeit durchströmt, so steigt der Druckabfall innerhalb der Schüttschicht mit wachsender Strömungsgeschwindigkeit zunächst stark an. (Abb. 2)

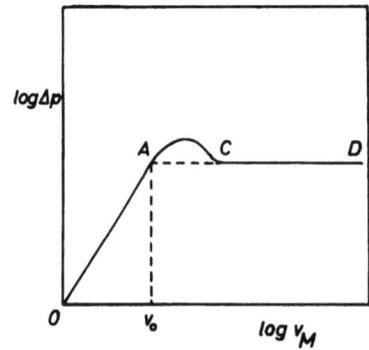

A b b i l d u n g   2
Druckabfall in Abh. von der Strömungsgeschwindigkeit

Von einer bestimmten Geschwindigkeit des aufströmenden Mediums ab zeigt sich der Druckabfall zwischen zwei Punkten als unabhängig von der Strömungsgeschwindigkeit. Dies ist das Gebiet des Wirbelzustandes. Im Bereich O-A (Abb.2) handelt es sich bei der Schüttschicht um ein Festbett, das sich in seiner Konstitution beim Durchströmen eines Mediums nur wenig ändert. Diese Änderungen im Festbettbereich betreffen eine gewisse Auflockerung, die durch Umlagerungen im Kornhaufwerk entsteht, und den Ausgleich von Erhebungen und Vertiefungen in der Bettoberfläche.

Im Bereich C-D ist der Druckabfall konstant und gleich dem Gewicht der Feststoffteilchen bezogen auf die Querschnittseinheit. Die Geschwindigkeit v_o am Punkt A ist diejenige, die minimal notwendig ist, um ein Kornhaufwerk in den Wirbelzustand zu versetzen.

Im Bereich A-C besitzt das Wirbelbett seine größte Dichte und sein kleinstes Zwischenkornvolumen.

Die Lage des Punktes A und damit der Linie C-D hängt von den physikalischen Daten des Feststoffes ab. Der Punkt A wird als "unterer Fließpunkt" bezeichnet.

Der Existenzbereich eines Wirbelbettes in bezug auf die Gasgeschwindigkeit wird somit nach unten durch die Lage des Punktes A begrenzt. Nach oben erfolgt die Begrenzung durch einen anderen Punkt in der Gasgeschwindigkeit/Druckabfallkurve (oberer Fließpunkt), bei dem die Geschwindigkeit des strömenden Mediums so groß geworden ist, daß der Feststoff mit dem Medium als Flugstaubemulsion ausgetragen wird.

Im Gebiet zwischen den beiden Fließpunkten erfolgt eine steigende Ausdehnung des Bettes und damit eine zunehmende Vergrößerung des Zwischenkornvolumens, wobei die Bettoberfläche mehr und mehr den Eindruck einer kochenden Flüssigkeit erhält. Besteht die Feststoffkomponente aus einer Mischung mehrerer Körnungen, so erfolgt im Bereich des Wirbelzustandes die Abführung der feinsten Anteile des Körnungsgemisches. Das Bett besitzt im Wirbelzustand flüssigkeitsähnliche Eigenschaften, verursacht dadurch, daß sich die im Gas freibeweglichen Feststoffteilchen ähnlich den Molekülen einer Flüssigkeit verhalten.

Die Analogie zwischen solchen Betten und Flüssigkeiten ist sehr weitgehend:

        Hydrostatischer Druck
        Hydrodynamisches Paradoxon
        Auftrieb
        Viskosität
        definierte Oberfläche
        unt. Fließpunkt - Schmelzpunkt
        ob. Fließpunkt - Siedepunkt

Für den Aufbau von Wirbelbetten ist ein weiter Körnungsbereich geeignet, der in den Grenzen von 0,05 bis 10 mm liegt. Um ein möglichst homogenes Bett zu erreichen, ist jedoch auf eine weitgehend einheitliche Körnung Wert zu legen. Die günstigsten Resultate werden im allgemeinen mit Körnungen erzielt, die in der Größenordnung von 0,1 bis 0,2 mm vorliegen.

2.13 Definition des heterogenen Wirbelbettes

Bei den bisherigen Beschreibungen von Wirbelbetten, sowie deren Anwendung in der Technik, handelt es sich zumeist um die Lösung der Aufgabe, einen Feststoff bestimmter physikalischer Eigenschaften (Korngröße d_1; spez. Gewicht γ_1) durch Anwendung geeigneter Gasgeschwindigkeiten in den Wirbelzustand zu überführen.

Bei der zu erörternden Anwendungsart für die Reduktion feinkörniger Eisenerze besteht im Gegensatz zu der in der Technik bekannten Anwendungsform des Wirbelbettes das Bettsystem aus zwei Komponenten: der eigentlichen - aus Kohle oder einem mineralischen Stoff bestehenden - Bettkomponente - auch Hilfsfließbett genannt - und dem in das Bett hineingestreuten Feinerz. Für dieses Bettsystem sind folgende Zustände realisierbar:

1. Die Bettkomponente 1 mit den physikalischen Eigenschaften d_1; γ_1 bildet ein stabiles Bett bei der Gasgeschwindigkeit v_M. Die Bettkomponente 2 mit den Eigenschaften d_2; γ_2 ist so auf die Bettkomponente abgestimmt, daß sie sich bei der Gasgeschwindigkeit v_M wie die Komponente 1 verhält, daß also beide Komponenten miteinander schweben. Dieser Fall ist offenbar gleichartig, als ob nur eine Komponente im Wirbelzustand vorläge. Das Bett erscheint in diesem Falle homogen, da keine Ausscheidungserscheinungen auftreten.

    Die Analogie zu diesem Zustand ist die völlige Mischbarkeit zweier Schmelzen.

2. Die Eigenschaften der Bettkomponente 2 sind so beschaffen, daß sie mit der Komponente 1 kein homogenes Bett bildet, sondern sich entweder nach oben (Flugstaub) oder nach unten (Ausfällen) aus dem Bett abscheidet. In diesem Fall liegt ein heterogenes Bett vor, bestehend aus einer stabilen Komponente, die das eigentliche Bett bildet und einer instabilen Komponente 2, die aus dem Bett ausgeschieden wird. Die Abscheidungsgeschwindigkeit ist dabei eine Funktion der physikalischen Eigenschaften der beiden Komponenten und der Strömungsgeschwindigkeit. Die Analogie zu diesem Zustand ist die völlige Entmischung zweier Schmelzen.

Unter geeigneten Umständen kann dabei der Zustand 1 in den Zustand 2 und umgekehrt überführt werden, indem die Strömungsgeschwindigkeit v_M entsprechend variiert wird.

In allen praktischen Fällen muß jedoch stets mit einer Mischung beider Zustände gerechnet werden, da dabei nie mit konstanten und gleichartigen Körnungen gearbeitet wird, sondern Körnungsgemische vorliegen, die zum Teil den Fall des homogenen, zum Teil den des heterogenen Bettes realisieren, so daß insgesamt gesehen das System den Anschein des heterogenen Types erweckt, zumal sich bei Arbeiten unter höheren Temperaturen Agglomerationserscheinungen einstellen können. Eine andere Alternative zu dem Begriff "homogen" ist die Bezeichnung "inhomogen", die sich auf Störungen bezieht, infolge deren die Dichte bzw. die Feststoffkonzentration in der Raumeinheit des Bettes nicht gleichmäßig, sondern wechselnd sein kann. Diese Einflüsse seien an anderer Stelle erörtert. Zusammenfassend kann nach H. SCHENCK und W. WENZEL [5] in abgewandelter Form als Definition angegeben werden:

"<u>Homogene</u> Wirbelbetten sind solche Wirbelbetten, bei denen die gesamten Feststoffkomponenten von solcher Größe und solchem spez. Gewicht sind, daß das Bett über beliebige Zeiträume hin keine Entmischungserscheinungen, sondern gleiche Dichten und Feststoffkonzentrationen aufweist."

"<u>Heterogene</u> Wirbelbetten sind solche Betten, bei denen die Feststoffkomponenten von einem solchen spez. Gewicht und einer solchen Größe sind, daß mindestens eine Komponente infolge der herrschenden Strömungsgeschwindigkeit oder der sich im Bett abspielenden physikalischen und/oder chemischen Vorgänge sich nach unten oder oben aus dem Bett entmischt."

"<u>Inhomogene</u> Wirbelbetten sind solche Betten, bei denen infolge der Eigenschaften der Feststoffe und/oder aller Reibungseinflüsse und/oder der baulichen Gegebenheiten des Reaktionsraumes Unterschiede in der Dichte oder in der Feststoffkonzentration innerhalb des Bettes auftreten."

2.2 Betrachtungen zur Fallgeschwindigkeit einer Komponente im heterogenen Wirbelbett

Im Rahmen der Betrachtung physikalischer Gesetzmäßigkeiten von heterogenen Wirbelbetten kommt Überlegungen zur Absonderungsgeschwindigkeit der instabilen Bettkomponente besondere Bedeutung zu. Wenn ein heterogenes Wirbelbettsystem für die Reduktion von Erzstaub verwendet werden soll, ist dabei die Frage von besonderer Wichtigkeit, wie schnell sich die instabile Komponente des Systems aus der schwebenden stabilen Komponente abscheidet bzw. wie schnell ein Erzkorn durch das Bett "hindurchfällt". Mit dieser Abscheidungsgeschwindigkeit ist die für die Reduktion zur Verfügung stehende Zeit festgelegt, da bei kontinuierlicher Arbeitsweise das am Boden des Reaktionsgefäßes angesammelte Reduktionsprodukt sofort abgeführt wird. Da bisher für dieses spezielle Problem keine rechnerischen Ermittlungen vorliegen, soll in folgendem eine Methode entwickelt und damit ein Weg gewiesen werden, der zur Klärung der Gesetzmäßigkeiten heterogener Wirbelbettsysteme beitragen soll.

Solche Erwägungen haben für Reduktionsprozesse nur begrenzten Erkenntniswert, weil bei einer theoretischen Betrachtung konstante Verhältnisse hinsichtlich der Dichten, der Korngrößen usw. der beteiligten Stoffe vorausgesetzt werden müssen, die in der Praxis nicht realisierbar sind. Die Anwendbarkeit von Formulierungen über die Abhängigkeit der "Fallgeschwindigkeit" ist damit von vornherein in Frage gestellt. Folgende Gegenüberstellung zeigt, wie kompliziert sich die tatsächlichen Verhältnisse in einem Wirbelbett darstellen.

1. Um streng eine "Fallgeschwindigkeit" vorhersagen zu können, muß angenommen werden, daß die Korngrößen der beiden Bettkomponenten konstant und genau definiert sind. Dies trifft tatsächlich nie zu, da stets Mischungen verschiedener Korngrößen Verwendung finden, die einen großen Streubereich aufweisen können.

2. Weiterhin muß angenommen werden, daß die Dichte des Bettes über seine gesamte Länge konstant sei.
   Dies trifft tatsächlich ebenfalls nicht zu. Vielmehr stellt sich eine Entmischungserscheinung dergestalt ein, daß sich bei bestimmter Gasgeschwindigkeit gröbere Körnungen der Mischung der Bettkomponente weiter unten, feine Körnungen dagegen weiter oben aufhalten, wobei ein allmählicher Übergang stattfindet und die Dichte des Bettes von unten nach oben abfällt. Je breiter der Streubereich der Mischung ist, desto größere Entmischungserscheinungen treten auf. Abbildung 3, in der die Druckdifferenz Δp über die Höhe des Bettes aufgetragen ist, weist die Tatsache des Dichteabfalls aus. Bei konstanter Dichte des Bettes müßte der Anstieg der Kurve an jedem Punkt gleich sein.

3. Überlegungen, die sich auf Raumtemperatur beziehen, sind ohne schlüssige Aussagekraft bei den Reduktionstemperaturen. Es sind die folgenden durch Temperatur und chemische Umsetzungen hervorgerufenen Änderungen in der Konstitution der Bettbestandteile zu berücksichtigen:

a) Temperaturänderung verändert die Zähigkeit und die Dichte der Trägergase, so daß sich die Wirbelbedingungen ändern.
b) Durch höhere Temperaturen treten Oberflächenänderungen der Feststoffe ein, die durch Ausdehnung, Sinterung oder Verschmieren hervorgerufen werden.

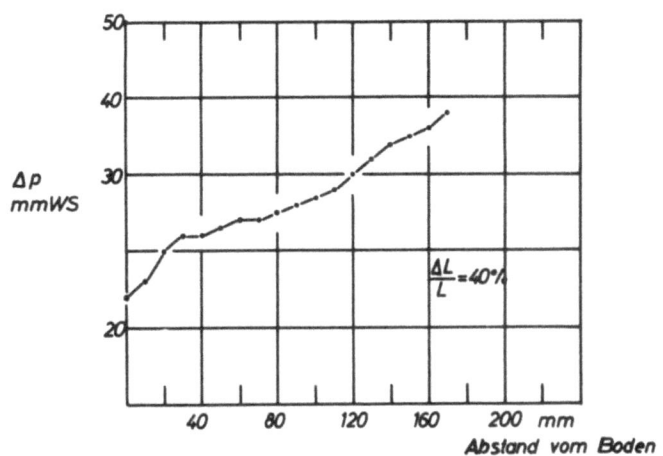

Abbildung 3
Druckabfall innerhalb eines Wirbelbettes

c) Chemische Umsetzungen verändern die Dichte des Erzes. Abbildung 4 zeigt die Abhängigkeit der Dichte der Erzkörner vom Reduktionsgrad.

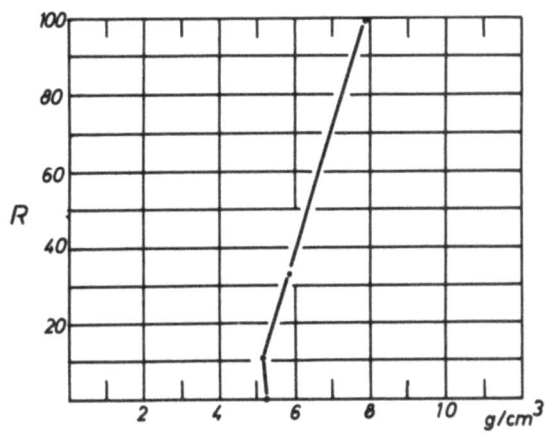

Abbildung 4
Abhängigkeit der Erzdichte vom Reduktionsgrad

d) Die Abhängigkeit nach c) ist außerdem, wie auch der Temperatureinfluß, zeitabhängig.
e) Nicht alle Körner eines Gemisches liegen im gleichen Reduktionsgrad vor. Nach einer bestimmten Zeit liegen, je nach ihren physikalischen und mineralogischen Eigenschaften, manche Körner mehr und manche Körner weniger stark reduziert vor.

f) Infolge des Wirbelns und der Temperatur in Verbindung mit chemischen Reaktionen ist die Korngröße beider Komponenten einer dauernden nicht stetigen Veränderung unterworfen. Die Wirkung kann sich in Vergrößerung oder Verkleinerung der Korngrößen zeigen, wobei beide Wirkungen gleichzeitig auftreten können.

Diese Liste zeigt deutlich, wie wenig exakt es ist, genaue Angaben über eine "Fallgeschwindigkeit" zu machen, da in diesem Fall mehr Ausnahmen und empirische Werte als Gesetzmäßigkeiten auftreten. Da Auskünfte darüber hinsichtlich der Planung eines Versuchsprogramms oder der Vorausplanung einer Versuchsanlage von großer Wichtigkeit sind, müssen Übersichtszahlen geschaffen werden für die schnelle und übersichtliche Beurteilung, wie sich das heterogene System ändert, wenn die physikalischen Bedingungen wechseln. Dabei muß der Gedanke im Auge behalten werden, daß die Aufenthaltszeit der instabilen Komponente im Bett so groß wie möglich sein soll, um eine weitgehende Reduktion zu gewährleisten.

Die Relativgeschwindigkeit zwischen einem strömenden Medium und dem Feststoff in einem Wirbelbett wird nach BRÖTZ [7] und LEWIS und Mitarbeiter [8] als Gleitgeschwindigkeit bezeichnet:

$$v_{gl} = v_M - v_k \qquad (1)$$

Dabei ist vorausgesetzt, daß es sich um ein homogenes Bett handelt, das nur eine (stabile) Komponente enthält.

Die Vermutung liegt nahe, daß die Gleitgeschwindigkeit gleich der Fallgeschwindigkeit v'_o der Körner im strömenden Medium ist (nach BRÖTZ [7] und LEWIS und Mitarbeiter [8]):

$$v'_o = \frac{1}{18} \frac{\gamma_k}{\eta} d_k^2 \qquad (2)$$

Es hat sich jedoch herausgestellt [7, 8], daß v_{gl} größer ist als v'_o, so daß also gesetzt werden muß:

$$v_{gl} = a\, v'_o$$

Damit wird

$$v_k = v_M - a\, v'_o \qquad (3a)$$

oder

$$v_k = v_M - \frac{a \, \gamma_k}{18 \eta} d_k^2 \qquad (3)$$

worin v_k die Vertikalkomponente der Festkörpergeschwindigkeit darstellt.

Betrachtet man nun ein anderes homogenes Bett mit den Größen d_e; γ_e, so gilt ebenso:

$$v'_{gl} = v_M - v_e \qquad (1a)$$

$$v'_{gl} = b \, v''_o$$

$$v_e = v_M - \frac{b \, \gamma_e}{18 \eta} d_e^2 \qquad (4)$$

Betrachtet man nun ein heterogenes Wirbelbett als eine Mischung aus zwei homogenen Wirbelbetten, so ist bei gleicher Gasgeschwindigkeit v_M die Relativgeschwindigkeit $\bar{v}$ der beiden Feststoffkomponenten:

$$\bar{v} = a \cdot v'_o - b \cdot v''_o = \frac{1}{18 \eta} [a \cdot \gamma_k \cdot d_k^2 - b \cdot \gamma_e \cdot d_e^2] \qquad (5)$$

Die Zahl $\bar{v}$ gibt also an, um wieviel schneller sich in einem heterogenen Wirbelbett die eine Komponente gegenüber der anderen bewegt. Um einen Überblick über die Verhältnisse bei steigender Geschwindigkeit des gasförmigen Mediums zu gewinnen, kann auch wie folgt formuliert werden:

$$\frac{v_e}{v_k} = \frac{v_M - v'_{gl}}{v_M - v_{gl}} = \frac{v_M - b \, v''_o}{v_M - a \, v'_o} \qquad (6)$$

Bei $v_e = v_k$ liegt der Fall eines Wirbelbettes vor, daß aus zwei Komponenten besteht, die miteinander schweben, so daß der Eindruck eines homogenen Systems entsteht.

Bei $v_e \neq v_k$ ergibt sich mit (5) oder (6) ein Maß für die Abscheidungsgeschwindigkeit der instabilen Komponente.

Bei $v_e = v_k$ ist:

$$b \, \gamma_e \, d_e^2 = a \, \gamma_k \, d_k^2 \qquad (7)$$

Aus den bekannten Gleichungen für die Wirbelbedingungen lassen sich für den Fall, daß zwei Stoffe miteinander schweben bei gleicher Gasgeschwindigkeit die Faktoren a und b errechnen. Abbildung 5 zeigt die nach eigenen Versuchen bestimmten Werte für a und b im Vergleich zu Werten nach BRÖTZ [7]. Dabei bezieht sich b auf ein bei den Reduktionsversuchen verwendetes Hämatiterz, a auf Koksstaub. Die Faktoren hängen offenbar nicht nur von den Korngrößen, sondern auch von den Dichten der Feststoffe stark ab.

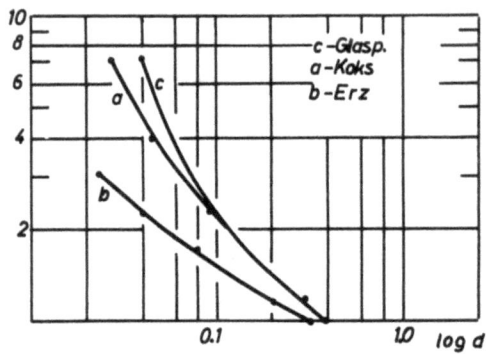

Abbildung 5

Abhängigkeit der Faktoren a und b vom Korndurchmesser

Mit diesen Werten ist es möglich, die relative Feststoffgeschwindigkeit zweier Komponenten eines heterogenen Wirbelbettes zu ermitteln, die ein Maß für die "Fallgeschwindigkeit" darstellt. Die Werte, die nach Bez. (5) berechnet werden, sind negativ, solange das Erzkorn im Kohlebett fallen kann. Bei $\bar{v} = 0$ schweben beide Komponenten miteinander. Wenn $\bar{v}$ positive Werte annimmt, können die Erzkörner aus dem Bett ausgetragen werden.

Abbildung 6 zeigt für ein Beispiel die Abhängigkeit von $\bar{v}$ von der Erzkorngröße bei konstanter Korngröße der Kohle:

Dabei ist:

Korngröße der Kohle: $d_k = 0.15 \cdot 10^{-3}$ m

Dichte der Kohle: $\gamma_k = 1.553 \cdot 10^3$ kg/m^3 (gemessen)

$$a = 1.66 \qquad \text{(nach Abb. 5)}$$

Dichte des Erzes: $\quad \gamma_e = 4.352 \cdot 10^3 \text{ kg/m}^3 \quad$ (gemessen)

Zähigkeit des Gases: $\quad \eta = 1.71 \cdot 10^{-6} \text{ kg s/m}^2$

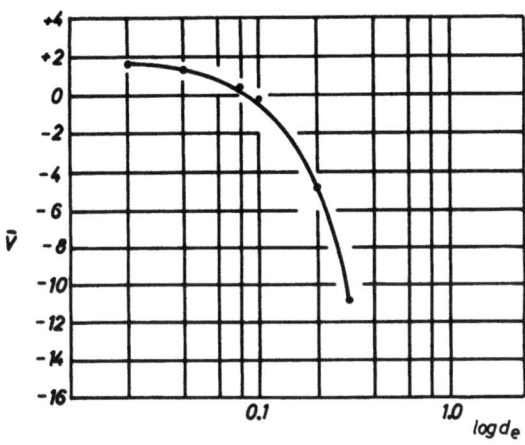

A b b i l d u n g   6
Abhängigkeit von $\bar{v}$ von der Erzkorngröße

Der Abstand jedes Punktes auf der Kurve von der Linie $\bar{v} = 0$ gibt ein Maß für die Geschwindigkeit, mit der sich die beiden Komponenten entmischen. Sie steigt stark mit der Korngröße d_e an. Das Bild stimmt mit den praktischen Erfahrungen überein. Liegen Mischungen aus verschiedenen Erzkörnungen vor, ist daraus ersichtlich, daß manche Körnungen noch mitschweben können, andere sich jedoch bereits auszuscheiden beginnen.

Abbildung 7 läßt erkennen, welche Kombinationen aus Erz- und Kohlekorngröße erfolgversprechend und für den Reduktionsprozeß im heterogenen Wirbelbett brauchbar sind. Diese müssen stets in der Nähe der Linie $\bar{v} = 0$ liegen, da so eine möglichst lange Aufenthaltszeit im Bett gewährleistet ist.

Darüber hinaus ist noch folgendes zu erkennen:
Die gestrichelte Linie gibt an, wie sich die Entmischungsverhältnisse ändern, wenn im Verlauf des Reduktionsprozesses sich z.B. die Kohlekorngröße als stabiles Bett von 0.15 auf 0.10 mm verkleinert und gleichzeitig sich die Erzkorngröße von 0.1 auf 0.2 mm steigert. Die Zunahme der "Fallgeschwindigkeit" steigert sich dabei um ca. 20%.

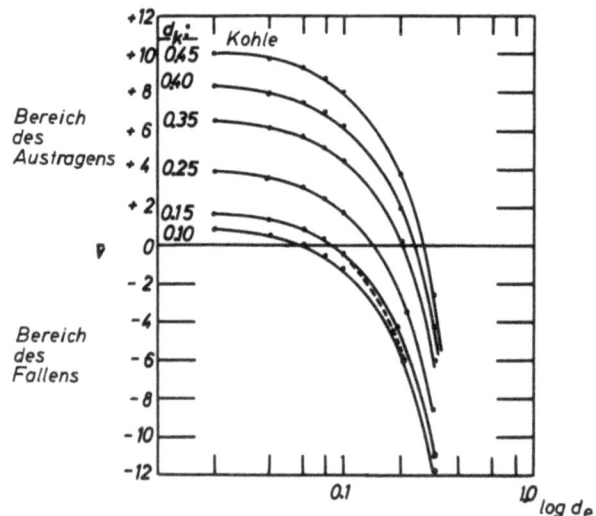

Abbildung 7

Abhängigkeit von $\bar{v}$ von der Erzkorngröße bei verschiedenen Kohlekörnungen

Abbildung 8 zeigt die Abhängigkeit von $\bar{v}$ und damit der Entmischungsgeschwindigkeit für den Fall, daß sich Reduktionsreaktionen einstellen, die die Dichte der instabilen Komponente beeinflussen. In diesem Beispiel wurde die Kohlekorngröße als konstant angenommen. Die Daten, aus denen die Abhängigkeit errechnet wurde, sind den Bemerkungen zu Abbildung 6 zu entnehmen. Dabei ergibt sich eine starke Abhängigkeit der Entmischungsgeschwindigkeit vom Reduktionsgrad bei verschiedenen Erzkörnungen und damit eine Beschleunigung der Abscheidung der instabilen Erzkomponente, hervorgerufen durch Reduktionsvorgänge.

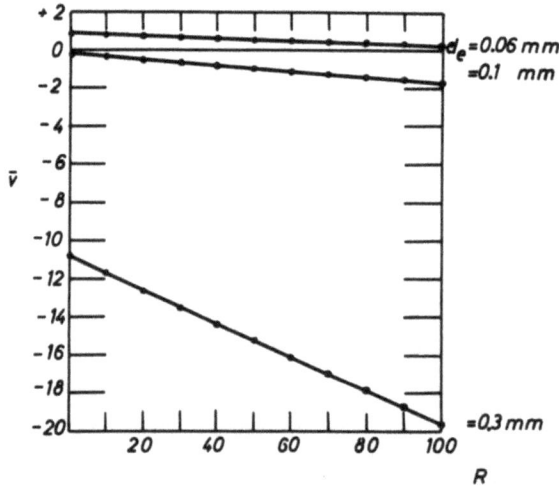

Abbildung 8

Abhängigkeit von $\bar{v}$ in Abhängigkeit vom Reduktionsgrad der Erzkörner

Abbildung 9 zeigt schließlich die Abhängigkeit des Quotienten v_e/v_k von der Geschwindigkeit des strömenden Mediums für verschiedene Erz- und Kohlekorngrößen.

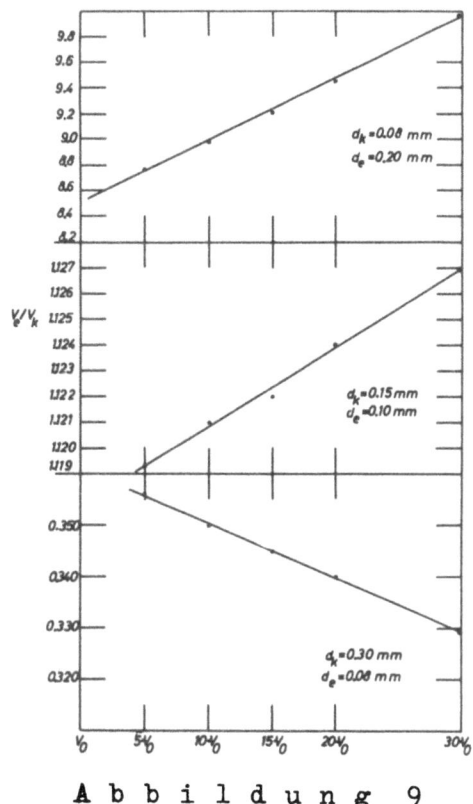

Abbildung 9

Abhängigkeit des Quotienten v_e/v_k von der Gasgeschwindigkeit

Daraus ist folgendes zu schließen:

Die Abscheidungsgeschwindigkeit (im Falle des Miteinanderschwebens ist $v_e/v_k = 1$) nimmt mit steigender Gasgeschwindigkeit zu, weil dabei die Dichte des stabilen Bettes abnimmt.

Es unterscheiden sich folgende Fälle:

a) Kohlekörnung klein - Erzkörnung groß:

Die Abscheidungsgeschwindigkeit steigt sehr stark mit der Gasgeschwindigkeit an. Die Gewichte der Körner sind so groß, daß die Gasgeschwindigkeit (dynamischer Auftrieb durch das Gas) kaum Einfluß besitzt.

b) Kohlekörnung etwa gleich der Erzkörnung:

Es können sich Erscheinungen des Miteinanderschwebens einstellen, da der dynamische Auftrieb des Gases an Wirksamkeit gewinnt.

c) Kohlekörnung groß - Erzkörnung klein:

Die Abscheidungsgeschwindigkeit erhält ein umgekehrtes Vorzeichen, d.h. aus dem Abscheidungsvorgang nach unten ist für das Erz ein Ausscheidungsvorgang nach oben geworden. Die Werte für v_e/v_k liegen unter dem Wert eins. Mit steigender Gasgeschwindigkeit steigt die Tendenz, daß sich die Erzkörner mit dem Gasstrom aus dem Bett entfernen. Der dynamische Auftrieb durch das Gas wird voll wirksam. Die Zahl der Abbildungen über die Einflußgrößen für den Abscheidungsvorgang im heterogenen Wirbelbett kann noch stark erweitert werden, indem man beispielsweise die Abhängigkeit errechnet, die sich aus der Wirkung einer Steigerung der Temperatur auf die maßgeblichen physikalischen Größen ergibt. Auf diese Ermittlungen wurde verzichtet, weil diese Abhängigkeit gegenüber den bereits beschriebenen von geringerem Gewicht sind.

Die Temperaturabhängigkeit der Zähigkeit von Gasen im Bereich von -20 bis +500° C beträgt:

$$\eta_T = \eta_o \left[\frac{T + 273}{T_o + 273} \right]^n$$

wobei die Werte für η_o und n für die verschiedenen Gase den einschlägigen Tabellenwerten entnommen werden können.

So steigt beispielsweise die Zähigkeit der Luft von $0.266 \cdot 10^{-5}$ (200° C) auf $0.387 \cdot 10^{-5}$ [kg s/m²] bei 500° C. Dieser Einfluß ist also vernachlässigbar.

Der Temperatureinfluß auf die Dichten der Feststoffe ist ebenfalls zu vernachlässigen.

Aus den im Vorangehenden abgeleiteten grafischen Darstellungen der hauptsächlichsten Einflußgrößen ergibt sich eine gute Übersicht über das Verhalten zweier Komponenten im heterogenen Wirbelbett. Damit ist es möglich, geeignete Betriebsbedingungen für den Reduktionsprozeß zu ermitteln.

Wie bereits erwähnt, stellt die Größe $\bar{v}$ lediglich ein Maß für die Abscheidungsgeschwindigkeit oder die "Fallgeschwindigkeit" dar. Sie ist die Relativgeschwindigkeit der Teilchen der stabilen und der instabilen

Komponente. Betrachtet man nun in erster Annäherung die Teilchen der stabilen Komponente als im Mittel örtlich fixiert, so kann die Größe $\bar{v}$ auch als proportional der "Fallgeschwindigkeit" der Teilchen der instabilen Komponente gedeutet werden.

Allgemein kann bei konstanter Temperatur und konstanter Korngröße und Dichte der stabilen Komponente d_k; γ_k die Bez. (5) wie folgt formuliert werden:

Mit:

$$\alpha^* = \frac{a \cdot \gamma_k \cdot d_k^2}{18 \cdot \eta}$$

und

$$\beta = \frac{b}{18\eta}$$

$$\bar{v} = \alpha^* - \beta \gamma_e d_e^2 \tag{5a}$$

oder, da die "Fallgeschwindigkeit" v_f proportional $\bar{v}$ sein soll:

$$v_f = n' \cdot \bar{v} = n' \left[\alpha^* - \beta \gamma_e d_e^2 \right] \tag{5b}$$

oder

$$v_f = -n' \cdot \beta \cdot \gamma_e \cdot d_e^2 + \text{const.} \tag{5c}$$

Dabei ist angenommen, daß in erster Annäherung die "Fallgeschwindigkeit" v_f direkt proportional $\bar{v}$ ist.

Die wirkliche Lösung der Bez. (5c) und damit die Aufstellung einer Gleichung zur Errechnung der "Fallgeschwindigkeit" der instabilen Komponente, ist jedoch nicht möglich, da mehrere Größen der Bez. (5c) nach nicht bestimmbaren Zeitfunktionen verlaufen. So verändern sich die Korngrößen und damit auch a und b nach unbestimmbaren Gesetzmäßigkeiten, während sich die Veränderung der Dichte γ_e mit dem Reduktionsgrad bei konstanter Temperatur zeitlich bestimmbar vollzieht.

Damit kann die Bez. (5c) auch formuliert werden:

$$v_f = -n' \, f(t) + g(t) \qquad (5d)$$

worin $f(t)$ und $g(t)$ die Zeitfunktionen der Abhängigkeit der physikalischen Größen bedeutet.

Es ist aus diesen Gründen deshalb angebracht, mit Hilfe der Werte für $\bar{v}$ oder v_e/v_k sich Übersichten zu verschaffen und auf genaue Ermittlungen der "Fallgeschwindigkeit" zu verzichten, da diese Werte bereits gute Aufschlüsse über Betriebsbedingungen vermitteln.

Angaben über die Abscheidungsgeschwindigkeit, soweit sie aus Reduktionsversuchen zu ermitteln sind, werden noch an anderer Stelle dieser Arbeit gemacht werden.

3. Die Reduktion

3.1 Der Reduktionsgrad

Der Reduktionsgrad ist definiert als das Verhältnis:

$$R = \frac{\text{abgebaute Sauerstoffmenge}}{\text{eingebrachte Sauerstoffmenge}} \cdot 100 \qquad (8)$$

Da bei der Auswertung der Reduktionsversuche der Reduktionsgrad nicht allein aus der Analyse des Abgases, sondern auch aus der chemischen Analyse des erhaltenen Endproduktes bestimmt werden sollte, wurde über eine Bilanzrechnung die Definition (8) umgeformt in:

$$R = \frac{Fe^{++}}{3\, Fe_{ges}} \cdot 100 + \frac{Fe_{met}}{Fe_{ges}} \cdot 100$$

Darin bedeuten:
Fe^{++} = Prozentgehalt des Reaktionsproduktes an zweiwert. Eisen.
Fe_{met} = Prozentgehalt des Reaktionsproduktes an metall. Eisen.
Fe_{ges} = Prozentgehalt des Reaktionsproduktes an gesamten Eisen.

Dabei wurde davon ausgegangen, daß das Eisenerz völlig aus dreiwertigem Eisen (Fe_2O_3) besteht.

3.2 Die Reduktion von Eisenerzen

3.21 Gleichgewichte

Für die Reduktion von Eisenoxyden mit den üblichen Reduktionsgasen kann allgemein die Summengleichung

$$Fe_2O_3 + 3CO = 2Fe + 3CO_2 - 8200 \text{ kcal/mol}$$

oder

$$Fe_2O_3 + 3H_2 = 2Fe + 3H_2O + 21800 \text{ kcal/mol}$$

geschrieben werden. Die Gleichgewichtslagen der Reaktionen sind somit druckunabhängig, während der exotherme Verlauf der ersten und der endotherme Verlauf der zweiten Reaktion bestimmend ist für die Temperaturabhängigkeit der Gleichgewichtslage. Die Grundlagen der Reduktion von Eisenerzen, insbesondere die Lage der chemischen Gleichgewichte in den Systemen $Fe - O - H_2$ und $Fe - O - C$ in ihren Abhängigkeiten von der Temperatur können als bekannt und geklärt angesehen werden. Abbildung 10 zeigt diese theoretischen Verhältnisse. Die Gleichgewichte und die Energiegleichungen vermögen jedoch über die Geschwindigkeiten der Reaktionen keine Aussagen zu erteilen.

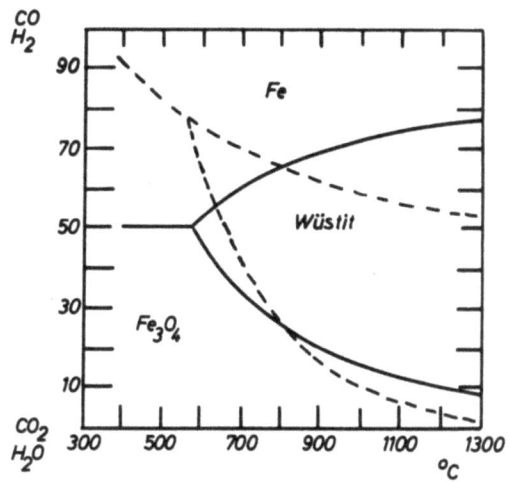

A b b i l d u n g 10

Gleichgewichte im System $Fe - O - C$ oder $Fe - O - H_2$

Gerade die Kenntnis der Geschwindigkeit, mit der die Reduktionsreaktionen ablaufen, ist für den Einblick in die unter tatsächlichen nicht-idealen Bedingungen durchgeführten Reduktionsprozesse von großer Wichtigkeit.

3.22 Die Kinetik der Reduktionsvorgänge

Als allgemein gesichert gilt die Erkenntnis, daß sich der gesamte Reduktionsprozeß aufgliedert in die Teilreaktionen:

    Hämatit   ------▶   Magnetit
    Magnetit   ------▶   Wüstit
    Wüstit   ------▶   Eisen

die stufenweise und nacheinander erfolgen.

J.O. EDSTRÖM [9, 10] gewann diese Erkenntnis besonders klar durch die mikroskopische Untersuchung anreduzierter Erzkörner, wobei er gleichzeitig und erstmalig die Diffusionsgeschwindigkeit des Eisens im Eisenoxydul messen konnte. Er fand weiterhin, daß eine Gas-Feststoffreaktion nur an den Phasengrenzen Gas/Wüstit und Gas/Metall erfolgt, während innerhalb dieser Schichten die Reduktion nur durch Feststoffdiffusion fortschreitet.

Damit beginnt beispielsweise die Reduktion von Magnetit mit der Reaktion:

$$Fe_3O_4 + CO = Fe_xO + CO_2$$

Nach der Bildung einer durchgehenden Oberflächenschicht von Wüstit (Fe_xO) kann das Reduktionsgas die Phasengrenze des Magnetits nicht mehr erreichen, und die Reaktion schreitet fort nach:

$$Fe_3O_4 + Fe = Fe_xO$$

Offenbar muß das in der Wüstitschicht gebildete Eisen durch die dichte Wüstitschicht hindurchdiffundieren, um die Reaktion voranzutreiben. Diese Vermutung wurde durch die mikroskopische Betrachtung anreduzierter Erzkörner erhärtet.

Mit diesen Grundlagen ist die Reduktion eines Hämatits wie folgt zu deuten:

1. Zu Beginn liegt das gesamte Erzkorn als hexagonal kristallisierender Hämatit (Fe_2O_3) mit der Dichte 5.26 g/cm^3 vor. Sein Raumgitter ist aufgebaut wie das des Korunds und ähnelt einem leicht deformierten Steinsalzgitter.

2. Abbau des Sauerstoffs durch das reduzierende Gas an der äußeren Kornoberfläche. Dabei wird eine Magnetitschicht gebildet, die dadurch in den Hämatit hineinwächst, daß Eisenionen über die Tetraeder- und Oktaederlücken des Magnetitgitters zur Phasengrenze Hämatit/Magnetit diffundieren [6]. Bei dieser Reaktion findet eine Dichteabnahme von 5.26 auf 5.18 g/cm^3 statt, die mit einer Volumenzunahme verbunden ist. Durch Einlagerung von Eisenionen und Umlagerung der Sauerstoffionen wandelt sich das korundartige Gitter des hexagonalen Hämatits in das kompliziert aufgebaute Spinellgitter des kubisch kristallisierenden Magnetits um. Bei dieser Umwandlung vergrößert sich die Länge der Elementarzelle von 5.43 Å auf 8.4 Å. Die Gitterumwandlung bewirkt ein Aufreißen des bei der Reduktion gebildeten Magnetits und damit eine vergrößerte Porosität.

3. Während der Wanderung der Magnetitschicht in das Innere findet durch Reaktion des Magnetits mit der Gasphase die Bildung einer oberflächlichen Wüstitschicht statt. Bei diesem Vorgang ist eine Dichtezunahme von 5.18 auf 5.61 g/cm^3 zu verzeichnen. Durch die damit verbundene Schrumpfung kann ein Aufreißen des Wüstits erfolgen. Dieses Aufreißen geschieht allerdings erst bevorzugt in den sauerstoffärmeren Phasen, da die sauerstoffreicheren Phasen eine genügende Plastizität besitzen, um die Schrumpfungsspannungen auszugleichen. Über Kristallstruktur und den Gitteraufbau des Wüstits besteht noch nicht genügende Klarheit. Sicher ist jedoch, daß ein enger Zusammenhang zwischen dem Magnetit- und dem Wüstitgitter besteht, daß der Wüstit wie der Magnetit kubisch kristallisiert und daß die kristallografischen Achsen bei der Reaktion erhalten bleiben. Die Kantenlänge der Elementarzelle nimmt bei der Umwandlung von Magnetit zu Wüstit von 8.4 Å auf 4.27 Å ab.

4. Der Wüstitoberfläche wird Sauerstoff entzogen. Die dadurch freiwerdenden Eisenionen wandern zunächst über Leerstellen auf den Magnetit hin ab. Dabei kann es zu einer Übersättigung des Wüstits an Eisenionen kommen, die zu einer Bildung von Kristallisationszentren für die überschüssigen Eisenionen führt.

5. Wanderung der Eisenionen in das Magnetitgebiet unter Wüstitbildung durch Feststoffreaktion ohne Wechsel im Gitteraufbau. Es tritt lediglich ein Sauerstoffplatzwechsel im Wüstitgitter und eine Änderung der Länge der Elementarzelle von 8.4 Å auf 4.27 Å ein, wobei jedoch die kristallografischen Achsen erhalten bleiben.

6. Vergrößerung der Kristallisationszentren des Eisens im Wüstitgebiet unter allmählicher Aufzehrung des Wüstits. Die Reaktion führt zu kubisch kristallisierendem Eisen, wobei eine abermalige Dichtezunahme auf 7.8 g/cm^3 erfolgt. Die Länge der Elementarzelle verringert sich auf:

$$2.861 \text{ Å für } \alpha\text{-Fe}$$

oder

$$3.56 \text{ Å für } \gamma\text{-Fe}$$

7. Da nachgewiesen wurde, daß eine Gas/Feststoffreaktion nur an der äußeren Fläche der Wüstit/Eisenschicht eintritt, muß der Sauerstoff aus dem Inneren des Kornes in die äußeren Schichten hineindiffundieren. Die Voraussetzung für einen Diffusionsvorgang, ein Konzentrationsgefälle, liegt auch tatsächlich vor, da an der äußeren Oberfläche der Sauerstoff ständig in die Gasphase überführt wird.
Eine Reduktion wird dabei erleichtert durch die bei einer Reaktion und Dichteumwandlung zunehmende Porosität. Dadurch wird eine Verkürzung der bei einer Diffusion zurückzulegenden Wege bewirkt. Außerdem wird dadurch eine größere Oberfläche dem reduzierenden Gase zugänglich gemacht.
Tabelle 1 gibt zusammenfassend eine Darstellung der bei der Reduktion entstehenden Phasen und ihrer wichtigsten Eigenschaften

Eine Auswahl des Schrifttums über die Kinetik der Reduktionsvorgänge ist in der Literaturangabe aufgeführt [26 bis 48].

Tabelle 1

Stoff	Formel	Fe-geh.	Kristall.	a_o	Dichte
Hämatit	Fe_2O_3	70%	hexagonal	5.43 Å	5.26
Magnetit	Fe_3O_4	72%	kubisch	8.4 Å	5.18
Wüstit	Fe_xO	77%	"	4.27 Å	5.61
α-Fe	Fe	100%	"	2.86 Å	7.8
γ-Fe	Fe	100%	"	3.56 Å	7.8

3.23 Die Reduktionsgeschwindigkeit

Aussagen über die Reduktionsgeschwindigkeit sind für Reaktionen in heterogenen Wirbelbetten von besonderer Wichtigkeit, da die "Fallzeit", die ein Erzkorn benötigt, nach Möglichkeit auf die für eine Reduktion notwendige Zeit abgestimmt werden muß.

Über die Reduktionsgeschwindigkeit von Eisenerzen sind zahlreiche Veröffentlichungen [11 bis 14] erschienen, die z.T. gegensätzliche Ergebnisse zu Tage treten lassen. Wegen der theoretischen Untermauerung jeder dieser Ansichten fällt es schwer, eine abschließende Entscheidung über die wahrscheinlich richtige Beschreibung zu fällen.

Der gesamte Reduktionsprozeß setzt sich, wie wiederholt beschrieben wurde, aus mehreren Stufen zusammen, die mit unterschiedlicher Geschwindigkeit ablaufen, und deren langsamste die Geschwindigkeit der Gesamtumsetzung bestimmt. Den verschiedenen Einflüssen, wie Diffusion im Festkörper, Phasengrenzreaktionen im Festkörper, Gasdiffusion in den Poren oder Gasdiffusion im freien Gasraum werden von den verschiedenen Autoren die verschiedenen Bedeutungen beigemessen. Es bestehen insbesondere unterschiedliche Ansichten darüber, welcher von diesen Einflüssen geschwindigkeitsbestimmend für den Gesamtprozeß ist.

Die Reduktion der Eisenoxyde wurde oft als ein reines Gasdiffusionsproblem betrachtet, speziell der Diffusion durch eine Schicht von durch Reduktion gebildeten Schwammeisens, das die Oberfläche des Erzes bildet. Neuere Untersuchungen [15] dagegen wurden unter der Voraussetzung ausgewertet, daß die Gasdiffusion in den Poren der geschwindigkeitsbestimmende Schritt sei.

Nach neuesten Ermittlungen [16] ergibt sich jedoch die Annahme, daß nicht die Gasdiffusion, sondern die Vorgänge an der Grenze zwischen dem unreduzierten und dem ausreduzierten Erz die Geschwindigkeit der Gesamtreaktion bestimmen.

Von besonderem Interesse ist in diesem Zusammenhang die Wirkung, welche die Korngröße auf die Geschwindigkeit der Reduktion ausübt. Nach Untersuchungen von EL.-MEHAIRY [17] ist die Geschwindigkeit umgekehrt proportional der Korngröße, während sie nach UDY und LORIG [13] unabhängig davon sein soll. Bei Untersuchungen [15] von mit Wasserstoff reduzierten Erzpellets, die wegen der Porosität sicher nicht ohne weiteres auf Stücke gewachsenen Erzes verallgemeinert werden dürfen, wurde ein Ausdruck für die Reduktionsgeschwindigkeit verwendet, in dem sie umgekehrt proportional dem Quadrat der Korngröße erscheint. Diese Abhängigkeit konnte jedoch im Versuch nicht nachgewiesen werden, vielmehr ergab sich bei Pellets mit Durchmessern unter 5 mm, daß die Reduktionsgeschwindigkeit unabhängig von der Korngröße ist. Bei groben Pellets dagegen erwies sich die Annahme von der umgekehrten Proportionalität des Quadrates der Korngröße als zutreffend. Dies stand im Einklang mit der Theorie von THIELE und WICKE [18], die auf diesen Fall angewendet wurde.

Nach Mc.KEWAN [16], der als geschwindigkeitsbestimmenden Schritt die Vorgänge an der Grenze zwischen der Oxyd- und der Metallschicht vermutet, erhält man die Beziehung:

$$r_o \; \gamma_o \; (1 - (1-R)^{1/3}) = K \; t \qquad (9)$$

wobei r_o der Radius der kugelförmig gedachten Erzprobe vor der Reduktion, γ_o die anfängliche Dichte, R der Reduktionsgrad und K eine Konstante darstellt. Dieses Zeitgesetz wurde gut bestätigt, obwohl der Mechanismus der Reaktion unter dieser Voraussetzung noch wenig erforscht und unklar ist.

Für die Druckabhängigkeit des Reaktionsgrades fand Mc.KEWAN [16] folgende Beziehung:

$$R_x = 9.12 \; T \; [H_2] \; e^{-\frac{A_1}{RT}} \quad (400\text{-}550^\circ \; C) \quad [gr/cm^2 min]$$

und

$$R_x = 7.32 \; T \; [H_2] \; e^{-\frac{A_2}{RT}} \quad (600\text{-}1050^\circ \; C)$$

mit den Aktivierungsenthalpien

$$A_1 = 14.9 \; cal/mol$$

und

$$A_2 = 15.3 \; cal/mol$$

EDSTRÖM [19] gelangte zu einer ähnlichen Beziehung zur Beschreibung des Reduktionsgrades auf folgendem Wege:

Für das zeitliche Wachstum einer Schicht der Dicke x eines Parallelepipeds gilt:

$$\frac{dx}{dt} = k' \frac{1}{x}$$

oder nach Lösung der Differentialgleichung:

$$x^2 = 2k't$$

Diese Beziehung folgt aus dem ersten Fickschen Diffusionsgesetz für den Fall, daß ein konstantes Konzentrationsgefälle in der Schicht auftritt.

Betrachtet man eine Kugel, die zu reduzieren ist, dann sind die Beziehungen zwischen Eindringtiefe und Zeit verwickelter. Nimmt man wiederum ein konstantes Konzentrationsgefälle an, so erhält man nach den Diffusionsgesetzen:

$$\frac{x^2}{2} - \frac{x^3}{3} = k\,t \tag{10}$$

Zwischen der Schichtdicke x, dem Kugelradius r und dem Reduktionsgrad $R_1 = R/100$ besteht die geometrische Beziehung:

$$R_1 = 100\left[1 - \frac{(r-x)^3}{r^3}\right] \tag{11}$$

oder

$$x = r\left[1 - (1-R_1)^{1/3}\right] \tag{11a}$$

Durch Einsetzen von (11a) in (10) erhält man:

$$r^2\left[\frac{(1-[1-R_1]^{1/3})^2}{2} - \frac{(1-[1-R_1]^{1/3})^3}{3}\right] = k\,t \tag{12}$$

Daraus folgt, daß die Zeit, die notwendig ist, um einen bestimmten Reduktionsgrad zu erreichen, proportional dem Quadrat des Kugelradius erscheint:

$$t = k \, r^2 \qquad (13)$$

Bei unsymmetrischer bzw. unregelmäßiger Kornform ist ein Oberflächenfaktor in diese abgeleiteten Beziehungen einzubringen.

Für die völlige Reduktion ist die notwendige Zeit:

$$t = \frac{r^2}{6k} \qquad (14)$$

Aus (11) und (13) folgt für die Reduktionsgeschwindigkeit:

$$\frac{dR_1}{dt} = \frac{3k}{r^2}\left[\frac{r}{x} - 1\right] \qquad (15)$$

Die in (10) bis (15) abgeleiteten Beziehungen wurden für die Beschreibung der Oxydationsvorgänge bereits erfolgreich verwendet [19]. Ihre Gültigkeit zur Beschreibung der Reduktionsvorgänge wurde bewiesen [20].

Damit kann das Gesetz der Proportionalität zwischen der Reduktionsgeschwindigkeit und dem reziproken Quadrat des Korndurchmessers als gesicherte Grundlage angesehen werden.

Im Rahmen dieser Arbeit wird experimentell ermittelt, ob eine derartige Abhängigkeit auch im Bereich sehr feiner Körnungen besteht und damit die Anwendung der Bez. (12) berechtigt ist, oder ob die Folgerung über die Unabhängigkeit der Reduktionsgeschwindigkeit von der Körnung bei kleinen Korngrößen den wirklichen Verhältnisse entspricht. Es ist zu erwarten, daß die Konstante k, die aus experimentellen Daten bestimmbar ist, eine starke Temperaturabhängigkeit aufweist.

Auf Grund verschiedener Widersprüche im Schrifttum erscheint es gegeben, Verallgemeinerungen von Versuchsergebnissen kritisch anzusehen, da verschiedene Erzstücke durchaus verschiedene Konstitutionen aufweisen können, und da es unsicher ist, ob wegen der Nichtübertragbarkeit der Makrostruktur in kleine Dimensionen Versuche mit groben Körnungen mit solchen mit feinen Körnungen verglichen werden dürfen.

Auf die Bedeutung der Porosität von Erzen wurde hinsichtlich ihrer Wirkung auf die Reduktionsgeschwindigkeit wiederholt hingewiesen [21, 6]. Es ist jedoch angesichts der verschiedenen begründeten Ansichten möglich, daß die theoretischen und praktischen Befunde verschiedener Autoren nicht vergleichbar sind, hauptsächlich wegen der von Erz zu Erz, oft schon vor Erzstück zu Erzstück verschiedenen mineralogischen, physikalischen und chemischen Eigenschaften. Auch die während der Reduktion eintretenden Veränderungen der Gestalt oder der Porigkeit kann von verschiedenen Autoren verschieden bewertet sein. Für die Porosität des bei der Reduktion gebildeten Eisenschwamms bekommt man, wenn man die Erhaltung der äußeren Gestalt voraussetzt, einen Wert von ca. 52 bis 53%, wobei bei Anwesenheit von Gangart dieser Wert kleiner ist. Besitzt schon das Ausgangserz eine Porosität von ε_s, ist mit einer Endporosität von

$$\varepsilon_e = 0.53 + 0.47\ \varepsilon_s$$

zu rechnen [6].

Bei der Auswertung der experimentell bestimmten Reduktionsgeschwindigkeit in Abhängigkeit von der Temperatur wurde oft ein Minimum derselben im Gebiet um $600°$ C und $900°$ C festgestellt [12, 22, 23].

Dies ist damit zu erklären, daß das Reduktionsgas in die Poren des Eisenoxyds hineindringt, wobei sich Schichten von Eisenschwamm bilden, die die Poren verengen oder verstopfen können. Dadurch wird die Abführung der entstehenden Reaktionsprodukte gehemmt. So diffundiert z.B. der Wasserstoff bei Temperaturen unterhalb des eutektoiden Wüstitzerfalls in das Oxyd unter Bildung einer porösen Metallschicht, die den Durchgang des Wasserdampfes gestattet. Mit steigender Temperatur erfolgt infolge erleichterten Platzwechsels der Eisenatome im Gitter die Bildung einer Eisenschicht zunehmender Dichte, die den Abtransport der Gase entsprechend erschwert, so daß sich ein Minimum der Reduktionsgeschwindigkeit bei der Temperatur der eutektoiden Wüstitbildung ergibt. Oberhalb dieser Temperatur erfolgt dann der Reduktionsmechanismus in der beschriebenen Weise durch Feststoffdiffusion des Eisens im Wüstit. Diese Diffusion nimmt mit einer Temperatursteigerung zu und bewirkt ein neuerliches Ansteigen der Reduktionsgeschwindigkeit.

Die Erklärung für das Auftreten eines Minimums der Reduktionsgeschwindigkeit im Temperaturbereich um 900° C ist darin zu suchen, daß die Diffusionsverhältnisse durch den Übergang vom α-Eisen zum γ-Eisen und dem damit verbundenen erweiterten Gitterabstand verändert werden.

Eine Komplizierung der Verhältnisse ergibt sich weiterhin durch die in einem Erzstück ständig vorhandene Gangart, die je nach ihrer Zusammensetzung eine Reduktion fördern oder erschweren kann.

Im allgemeinen tritt eine Erhöhung der Reduzierbarkeit ein, wenn die Beimengungen mit dem Reduktionsprodukt Verbindungen eingehen oder sich darin lösen. Eine Verringerung der Reduzierbarkeit tritt ein, wenn die zu reduzierenden Stoffe an die Gangart gebunden oder darin gelöst sind [24]. Eine weitere Erschwerung der Reduzierbarkeit kann durch Sintervorgänge, die die Oberflächen verändern oder verkleben oder zur Veränderung der Korngröße führen, bewirkt werden.

Gerade letztere Einflüsse können sich in heterogenen Wirbelbetten einstellen, wenn z.B. die stabile Bettkomponente mit dem Erz oder einem Reduktionsprodukt Verbindungen oder Mischkristalle einzugehen vermag, oder wenn es zu Sintererscheinungen der Erzkörner untereinander oder mit den Körnern der stabilen Bettkomponente kommt.

Weitere Einflüsse auf die Reduktionsgeschwindigkeit übt die Art des reduzierenden Gases aus. Diese Tatsache wird in Abbildung 11 nachgewiesen. Hier ist der Reduktionsverlauf von Eisenerzen mit Wasserstoff und Kohlenoxyd miteinander verglichen [9]. Damit ergibt sich, daß bei gegebener Temperatur die Reduktion mit Wasserstoff wesentlich schneller verläuft als diejenige mit Kohlenoxyd.

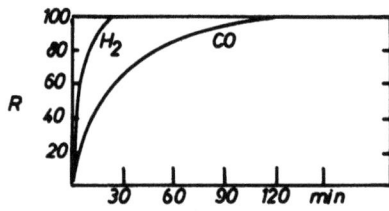

Abbildung 11
Abhängigkeit der Reduktion vom Reduktionsmittel

Für einen Reduktionsvorgang ist weiterhin die Art des zu reduzierenden
Eisenoxydes von Wichtigkeit. Dabei vollzieht sich die Reduktion eines
von Natur aus dichteren Magnetits schwerer als die eines von Natur aus
porösen Hämatits. Durch die Gitterumorientierung des hexagonal kristallisierenden Hämatits zum kubisch kristallisierenden Magnetit, die ohne
Lückenbildung nicht möglich ist, wird ein poröses Reaktionsprodukt erhalten, das dem reduzierenden Gas eine vergrößerte Oberfläche bietet.
Bei dem Vorgang der Bildung von Wüstit aus Magnetit bleiben dagegen die
kristallografischen Achsen erhalten, wobei die Gitter große Ähnlichkeit
aufweisen. Dies führt zur Bildung eines weniger porösen Reaktionsproduktes. Die Porosität fördert jedoch die Reduktion wegen der verbesserten Möglichkeit der Gasdiffusion anstelle der Feststoffdiffusion
und der sich ergebenen kürzeren Wege für diese. Durch eine Aufoxydation
von Magnetit und die damit verbundene Gitterumorientierung kann die Reduzierbarkeit wesentlich verbessert werden. Der dabei erhöhte Sauerstoffgehalt des Oxydes ist nicht als Störung zu betrachten, da die Reduktion von Hämatit zu Magnetit sehr leicht und schon bei geringen Gehalten der Gasphase an Kohlenoxyd vonstatten geht.

Mit Gleichung (13) ist es möglich, die für eine Reduktion einer bestimmten Körnung notwendige Zeit zu berechnen. Mit (12) kann der nach der
Zeit t erzielte Reduktionsgrad bestimmt werden.

Da den Erzkörnern im heterogenen Bett die Tendenz innewohnt, sich aus
dem stabilen Bett zu entmischen, und da eine Reduktion nur während der
"Fallzeit" eintreten kann, ist es möglich, durch Einführen der mittleren Aufenthaltszeit des Erzes im Bett in Bez. (12) den erreichbaren
Reduktionsgrad bei Kenntnis des Faktors k zu bestimmen. Die mittlere
Aufenthaltszeit eines Erzgemisches muß dabei empirisch ermittelt werden, wobei durch Abbildungen 6 bis 9 Anhaltszahlen geboten werden.

Die angegebenen Gesetzmäßigkeiten ändern sich nicht, wenn die Reduktion in einem kontinuierlich betriebenen Wirbelbett durchgeführt wird,
in das von oben ständig Erz hineingegeben, und aus dem ständig unten
reduziertes Gut entnommen wird. Die effektive Aufenthaltszeit des Erzes
im Bett, die in diesem Fall nicht nur von der Korngröße, sondern auch
von der pro Zeiteinheit durchgesetzten Menge abhängt, und die in Gleichung (12) eingesetzt werden muß, um den erreichbaren Reduktionsgrad
vorherzusagen, muß anhand der angegebenen Richtlinien und anhand von

empirischen Werten so eingerichtet werden, daß sie möglichst groß ist, um eine genügende Reduktion zu gewährleisten.

4. Die Reduktion von Eisenerz im heterogenen Wirbelbett

4.1 Reduktion im nichtkontinuierlich betriebenen Wirbelbett

4.11 Versuchsapparatur

Zur Erfassung der bei einer Reduktion von Eisenerz im heterogenen Wirbelbett auftretenden Gesetzmäßigkeiten wurde die in Abbildung 12 dargestellte Versuchsapparatur verwendet.

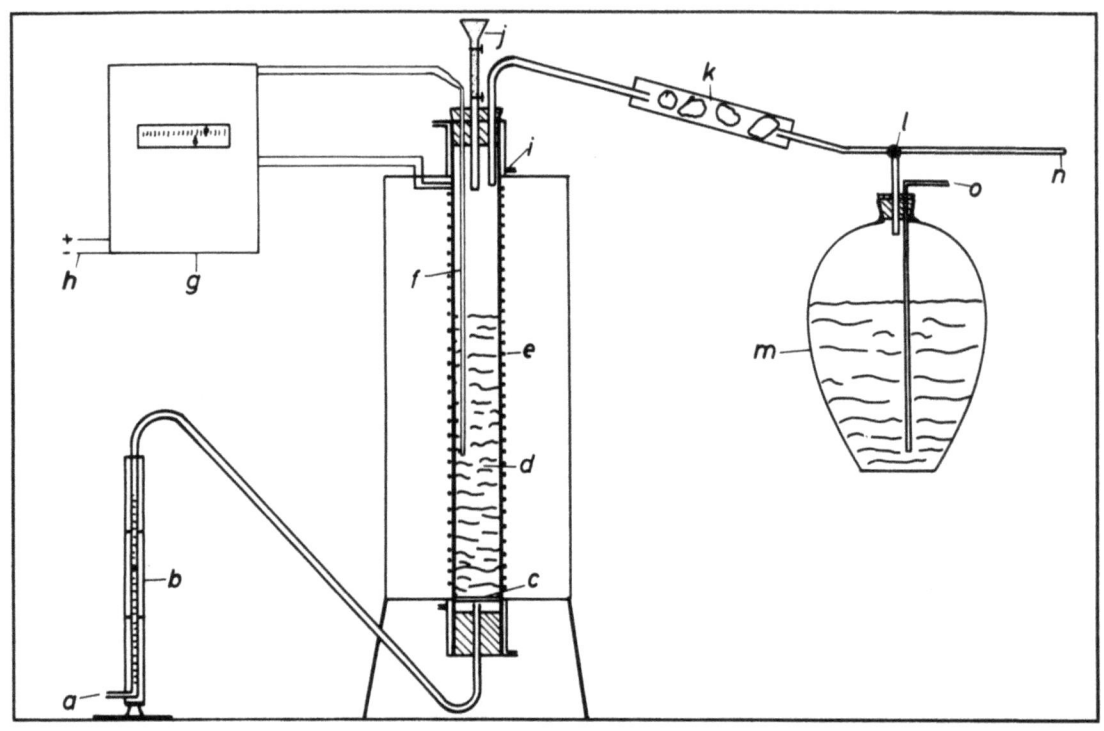

Abbildung 12
Versuchsapparatur

Das zur Aufwirbelung des Bettes verwendete Trägergas durchtritt nach der Mengenmessung im Strömungsmesser (b) einen Siebboden (c) und versetzt ein feinkörniges Bett (d) in den Wirbelzustand. Der Reaktionsraum besteht aus einem mit einer Heizwicklung (e) versehenen Stahlrohr mit einem Durchmesser von 60 mm und einer Gesamtlänge von 750 mm, dessen oberes und unteres Ende mit einer Wasserkühlung (i) versehen ist, um die Rohrenden gasdicht mittels Gummistopfen verschließen zu können. Die Temperaturmessung erfolgt mittels eines Thermoelementes (f), dessen

Lötstelle in der Mitte des Bettes liegt. Über einen elektrischen Regler (g) ist die Bettemperatur auf ± 10° C genau konstant gehalten. Durch Messung der Temperaturverteilung über die Betthöhe wurde ermittelt, daß bei Höhen bis zu 450 mm innerhalb des Bettes die Temperatur konstant ist, und daß lediglich am oberen und am unteren Bettende ein Abfall auftritt.

Die Erzzugabe erfolgt über ein Rohr mit zwei Hähnen (j), um Gasverluste auszuschließen. Das Abgas wird im Filter (k) von Flugstaub befreit und in einer Batterie Glasflaschen (m), die eine Markierung in Litern besitzen und eine gesättigte Kochsalzlösung enthalten, durch Flüssigkeitsverdrängung aufgefangen. Durch Betätigung der Dreiwegehähne (l) erfolgt eine Umschaltung des Gases von Flasche zu Flasche.

Damit ist es möglich, die gesamte während der Versuchszeit gewonnene Abgasmenge aufzufangen und einer Gasanalyse zu unterziehen, um damit Aussagen über den Reduktionsverlauf in Abhängigkeit von der Zeit zu erhalten.

Eine derartige kleine diskontinuierlich arbeitende Anlage erwies sich als besonders wirkungsvoll zum Studium der Grundlagen der Reduktionsvorgänge, weil
1. die Gasmengen mit steigendem Reaktionsraum stark zunehmen und schlecht wiederzugewinnen sind,
2. die Reduktionsverhältnisse nicht durch eine kontinuierliche Arbeitsweise verschleiert werden.

In Tabelle 2 (s. Anhang) sind die wichtigsten Kennwerte der bei den Versuchen verwendeten Stoffe zusammengestellt.

Die Versuche erfolgten in fünf Gruppen, in denen neutrale und reduzierende Gase mit neutralen und reduzierenden Medien als stabiler Bettkomponente kombiniert wurden. Dabei wurde die Abhängigkeit des Reduktionsgrades von der Temperatur und der Korngröße des Erzes ermittelt.

Tabelle 3 gibt Aufschluß über diese Versuchsgruppen.

Tabelle 3

VersGruppe	Gas	stab. Komponente
A	N_2	Koks
B	CO	"
C	H_2	"
D	CO	versch. mineralische Stoffe
E	H_2	" " "

4.12 Versuchsergebnisse

4.121 Ergebnisse der Gruppe A.

Abbildung 13 zeigt die ermittelte Abhängigkeit des Reduktionsgrades R von der Bett-Temperatur. Die stabile Bettkomponente besteht aus Koks, der in der Körnung von 0.1 bis 0.2 mm vorliegt und mittels Stickstoffs in den Wirbelzustand versetzt wurde, und in den das Erz in drei verschiedenen Körnungen hineingegeben wurde. Es zeigt sich dabei, daß mit Koks als allein reduzierender Bettkomponente schon ein günstiger Reduktionsgrad erzielbar ist. Der Einfluß der Erzkörnung ist deutlich temperaturabhängig. Im Temperaturbereich unter 800° C ist das Reaktionsprodukt im wesentlichen Wüstit und Magnetit. Bei kleinen Körnungen beginnt über 800° C die Bildung von Eisen.

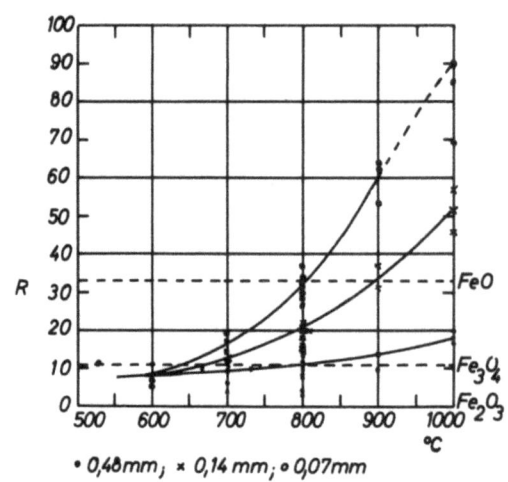

Abbildung 13

Reduktionsgrad in Abhängigkeit von der Temperatur
3 verschiedene Erzkörnungen; stabiles Bett: Koks, Gas: N_2

4.122 Ergebnisse der Gruppe B.

Die in Abbildung 14 dargestellte Temperaturabhängigkeit des Reduktionsgrades vermittelt eine Aussage über die Verhältnisse, wenn das Bett aus einem reduzierenden Medium (Koks der Körnung 0.1 bis 0.2 mm) besteht, wobei das Trägergas (CO) ebenfalls reduzierende Eigenschaften besitzt. In dieser Kombination liegen die erreichbaren Reduktionsgrade wesentlich höher als bei der Anwendung von Stickstoff als Trägergas. Der Reduktionsgrad ist ebenfalls abhängig von der Korngröße des Erzes. Das Reaktionsprodukt besteht bei kleinen Körnungen im wesentlichen aus Wüstit mit steigendem metallischem Eisengehalt, wobei bei 800° C bereits Reduktionsgrade von 70% erreichbar sind

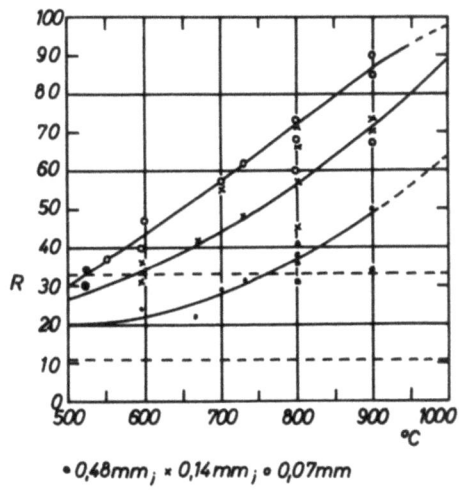

• 0,48 mm ; × 0,14 mm ; ○ 0,07 mm

A b b i l d u n g   14
Reduktionsgrad in Abhängigkeit von der Temperatur
3 verschiedene Erzkörnungen
stabiles Bett: Koks, Gas: CO

4.123 Ergebnisse der Gruppe C.

Die höchsten bei den Versuchen erreichten Reduktionsgrade sind bei der Anwendung von Koksstaub (0.1 bis 0.2 mm Korngröße) als stabiler Bettkomponente und Wasserstoff als Trägergas ermittelt worden. Abbildung 15 zeigt die Temperaturabhängigkeit des Reduktionsgrades bei zwei Erzkorngrößen. Auch hier ist wieder ein gewisser Korngrößeneinfluß feststellbar, der jedoch geringer ist als im Falle der Gruppen A und B. Auf diese Weise ist es danach möglich, Reduktionsgrade von nahezu 100% zu erreichen. In jedem Fall besteht das Reduktionsprodukt aus einer Mischung von Wüstit und Eisen.

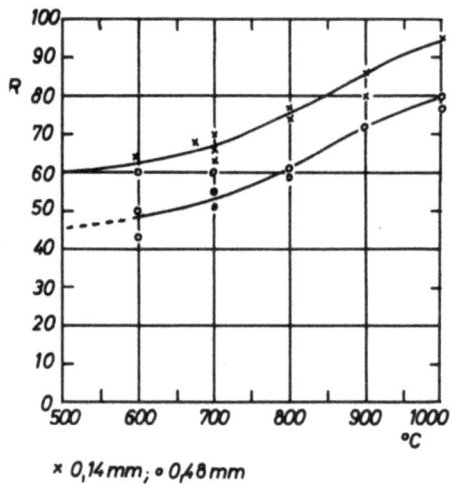

Abbildung 15
Reduktionsgrad in Abhängigkeit von der Temperatur
2 verschiedene Körnungen
stabiles Bett: Koks   Gas: H_2

4.124 Ergebnisse der Gruppe D.

Bei den Versuchen dieser Gruppe wurde Kohlenoxyd als reduzierendes Gas dazu verwendet, ein stabiles Bett aus verschiedenen Stoffen in den Wirbelzustand zu versetzen. Dabei wurden folgende Stoffe hinsichtlich ihrer Verwendbarkeit als stabile Bettkomponente untersucht:

I	II
Korund	Kalkstein
Kalk	Schlacke vom Hochofen
Sand	Schlacke vom Siemens-Martin-Ofen
Magnesit	
Dolomit	
Schlacke vom Elektroofen	

Die Korngröße der Stoffe betrug in allen Fällen: 0.1 bis 0.2 mm. Während die Stoffe der Gruppe I sich grundsätzlich zur Verwendung als stabile Bettkomponente eignen, sintern die Stoffe der Gruppe II schon bei niedrigen Temperaturen so stark zusammen, daß ein Wirbelbett nicht mehr aufrechterhalten werden kann.

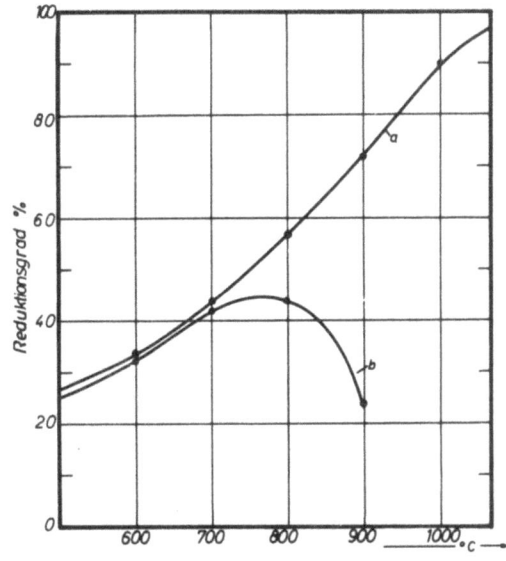

A b b i l d u n g 16

Temperaturabhängigkeit des Reduktionsgrades bei
Anwendung verschiedener stabiler Bettkomponenten

    a -   Koks
    b -   Dolomit

Abbildung 16 zeigt die Temperaturabhängigkeit des Reduktionsgrades für eine Erzkörnung von 0.1 bis 0.2 mm, wobei der Verlauf bei Verwendung von Koks (a) und Dolomit (b) gegenübergestellt ist. Die Kurven verlaufen anfangs parallel, bis im Gebiet von 750° C bei Verwendung von Dolomit ein Abfall des Reduktionsgrades auftritt.

In Abbildung 17 ist der Verlauf des Reduktionsgrades bei Verwendung von Koks dem Verlauf gegenübergestellt, den der Reduktionsgrad bei Verwendung verschiedener Stoffe als stabiler Bettkomponente nimmt.

Charakteristisch ist für alle Fälle der Abfall des Reduktionsgrades nach Durchlaufen eines mehr oder minder stark ausgeprägten Maximums.

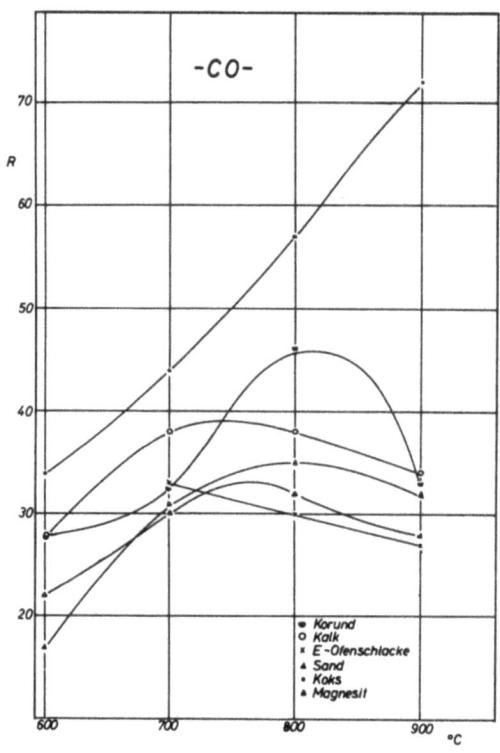

Abbildung 17

Temperaturabhängigkeit des Reduktionsgrades bei
Anwendung verschiedener stabiler Bettkomponenten

Trägergas: CO

4.125 Ergebnisse der Gruppe E.

In den Versuchen dieser Gruppe wurde unter gleichen Voraussetzungen wie in den Versuchen der Gruppe D statt des Kohlenoxyds als Trägergas Wasserstoff verwendet.

Dabei ergibt sich der Verlauf des Reduktionsgrades wie in Abbildung 18 dargestellt. Die Kurven verlaufen wieder stets unterhalb des Verlaufes bei Verwendung von Koks, jedoch über denen der Gruppe D, wobei der Abfall im allgemeinen stärker ausgeprägt ist als bei den Versuchen der Gruppe D.

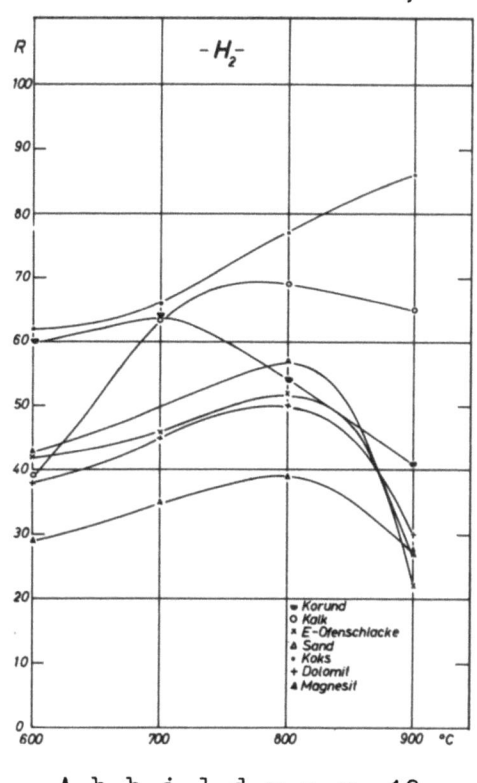

Abbildung 18

Temperaturabhängigkeit des Reduktionsgrades bei
Anwendung verschiedener stabiler Komponenten

Trägergas: H_2

4.13 Auswertung der Versuchsergebnisse

Zur Auswertung der Versuchsergebnisse wurden alle ermittelten Reduktionsgrade in den Ausdruck

$$a = \left[\frac{(1-(1-R_1)^{1/3})^2}{2} - \frac{(1-(1-R_1)^{1/3})^3}{3}\right] \quad (16)$$

umgerechnet, um die Anwendung der Bez. (12) zu ermöglichen. Darin ist

$$R_1 = R/100$$

4.131 Die Temperaturabhängigkeit

Die Auftragung des log a gegen die Temperatur ergab eine Schar von Geraden, die für die Gruppen A-C verschiedene Steigungen aufweisen.

Seite 43

Für die Versuchsgruppen ergibt sich eine Parallelität der Kurven bei den verschiedenen Körnungen (Abbildung 19).

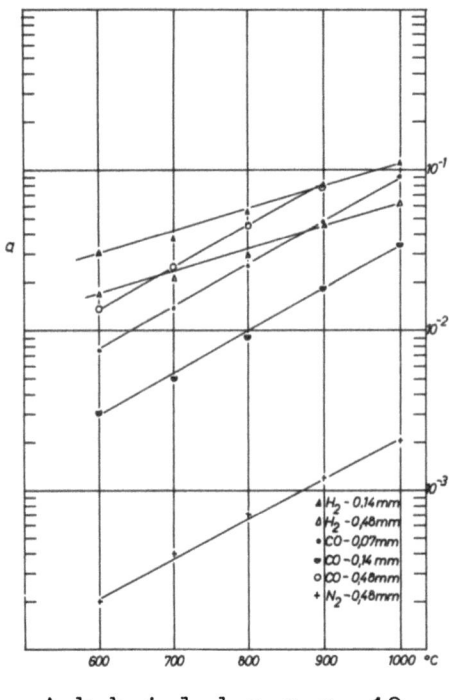

Abbildung 19
Die Abhängigkeit der Bez. (16) von der Temperatur

Damit ist es möglich, die Temperaturabhängigkeit des Reduktionsgrades bzw. des Ausdruckes a (nach Bez. 16) in folgende Gleichungen zusammenzufassen:

1. Gruppe A - Koks: 0.1 - 0.2 mm - Gas: N_2

Erzkorngröße: 0.07 mm
$\log a_1 = 0.591 \cdot 10^{-2} \, T - 6.943$

Erzkorngröße: 0.1 - 0.2 mm
$\log a_2 = 0.472 \cdot 10^{-2} \, T - 6.353$

Erzkorngröße: 0.5 - 0.75 mm
$\log a_3 = 0.25 \cdot 10^{-2} \, T - 5.2$

2. Gruppe B - Koks: 0.1 - 0.2 mm - Gas: CO

Erzkorngröße: 0.07 mm
$\log a_1 = 0.25 \cdot 10^{-2} \, T - 3.38$

Erzkorngröße: 0.1 - 0.2 mm
$$\log a_2 = 0.27 \cdot 10^{-2} \, T - 3.775$$
Erzkörnung: 0.5 - 0.75 mm
$$\log a_3 = 0.26 \cdot 10^{-2} \, T - 4.09$$

3. Gruppe C - Koks: 0.1 - 0.2 mm - Gas: H_2

Erzkorngröße: 0.1 - 0.2 mm
$$\log a_2 = 0.142 \cdot 10^{-2} \, T - 2.369$$
Erzkorngröße: 0.5 - 0.75 mm
$$\log a_3 = 0.143 \cdot 10^{-2} \, T - 2.635$$

4.132 Die Zeitabhängigkeit des Reduktionsgrades

Durch Abgasanalyse wurde der Verlauf des Ausdruckes a über die Zeit festgestellt. Abbildung 20 zeigt für eine Temperatur von 900° C bei Verwendung von CO als Trägergas, daß sich nach einer Versuchsdauer von 60 min folgende Zustände ergeben haben:

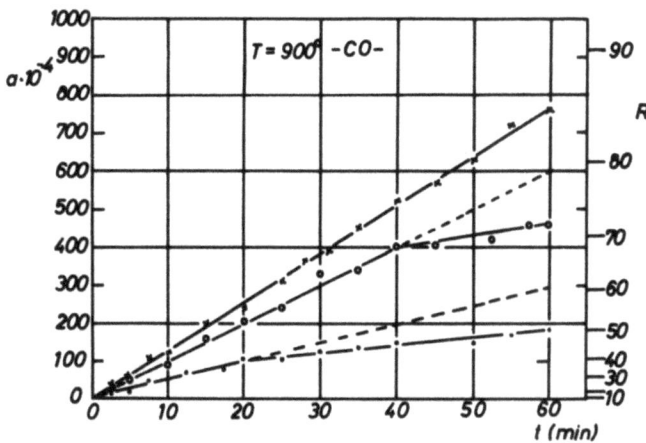

A b b i l d u n g 20
Abhängigkeit des Reduktionsgrades von der Zeit

1. Erkorngröße: 0.07 mm (oberste Kurve)
   Der Anstieg der Kurve erfolgt linear ohne Knick. Dies läßt darauf deuten, daß nach dieser Zeit noch keine Abscheidung des Erzes aus dem Kohlebett erfolgt ist.

2. **Erzkorngröße: 0.1 bis 0.2 mm (mittlere Kurve)**
   Der Anstieg ist bis etwa zur 40. Minute linear. Zu dieser Zeit weist die Kurve einen Knick auf, um sich dann mit geringerem Anstieg fortzusetzen. Dies bedeutet, daß sich nach etwa 40 Minuten die Hauptmenge des Erzes am Boden des Reaktionsgefäßes befindet und entweder nicht mehr oder nur noch sehr langsam weiterreduziert wird.

3. **Erzkorngröße: 0.5 bis 0.75 mm (untere Kurve)**
   Der Verlauf ist wie unter 2. geschildert. Die Zeit, in der sich das Erz zum größten Teil aus dem Bett abscheidet, beträgt hierbei ca. 20 min. Die gestrichelten Linien in Abbildung 20 geben somit an, welche Reduktionsgrade erreichbar sind, wenn die Aufenthaltszeit im Bett gesteigert wird. Diese Befunde stehen qualitativ in Übereinstimmung mit den Versuchen, bei denen unter Raumtemperatur die Abscheidungsgeschwindigkeit untersucht wurde (Abb. 21 und 22).

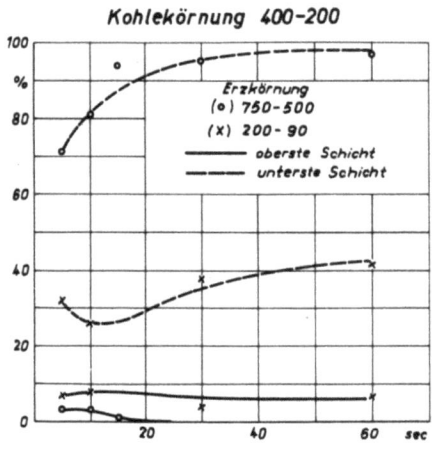

A b b i l d u n g 21
Versuchsergebnisse zur Abscheidungsgeschwindigkeit
der instabilen Bettkomponente eines Wirbelbettes

Daraus ist für verschiedene Körnungen ersichtlich, in welchen Bettbereichen sie sich zu bestimmten Zeiten aufhalten. Bei diesen Versuchen wurde Erz in ein Kohlebett eingestreut und die Gaszufuhr nach verschiedenen Zeiten unterbrochen, so daß sich das gesamte Bett absetzte. Dann wurde Schicht für Schicht das Bett dem Gefäß entnommen und auf seinen Eisenanteil untersucht. Es zeigt sich, daß ein feines Erz sich länger in den oberen Schichten aufhält und damit langsamer durch das Bett "hindurchfällt".

Die durch Abbildung 20 ermittelte Proportionalität zwischen dem Ausdruck a und der Zeit sagt aus, daß es gestattet ist, zur Beschreibung der Reduktionsvorgänge die Bez. (12) anzuwenden.

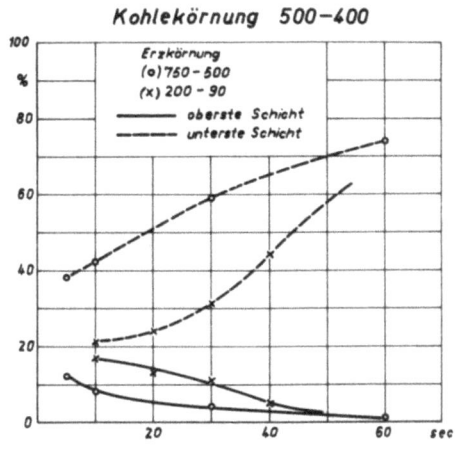

Abbildung 22

Versuchsergebnisse zur Abscheidungsgeschwindigkeit
der instabilen Bettkomponente eines Wirbelbettes

4.133 Der Einfluß des reduzierenden Mediums

Einen Überblick über den Einfluß des reduzierenden Mediums vermittelt Abbildung 23, in dem die Abhängigkeit des Reduktionsgrades R eines Erzes von 0.1 bis 0.2 mm Korngröße von der Temperatur und vom Reduktionsmittel dargestellt ist. Dabei zeigt sich eine Vergrößerung des Reduktionsgrades bei Verwendung eines gasförmigen Reduktionsmittels gegenüber einem festen. Aus dem anfänglichen Verlauf der Kurven bei Verwendung von Dolomit und Korund als stabiler Bettkomponente ist zu erkennen, daß bei Anwendung von Kohle als stabiler Komponente und einem reduzierenden Gase der Kohle als Reduktionsmittel nur untergeordnete Bedeutung zukommt. Die Reduktion erfolgt also in erster Linie durch das gasförmige Reduktionsmittel. Bei einem Verfahren zur Reduktion von Erz im heterogenen Kohle-Wirbelbett tritt nur ein geringfügiger Verbrauch an Kohle durch die Reduktion ein.

Bei den Versuchen der Gruppe A und B konnte durch Gasanalyse ermittelt werden, daß der Kohlensäuregehalt des Abgases während der Reduktion in den meisten Fällen stark über derjenigen des Gleichgewichtszustandes liegt. Zur Klärung wurde in ein Bett aus Koksstaub, das durch Stickstoff im Wirbelzustand gehalten wurde, mit einem Quarzrohr reine Kohlensäure eingeblasen. Die Versuchstemperatur betrug 800° C. Die Abgasanalyse ergab umgerechnet 87% CO_2 und 13% CO. Der "theoretische" Wert für das Gleichgewicht bei dieser Temperatur beträgt 35% CO_2 und 65% CO.

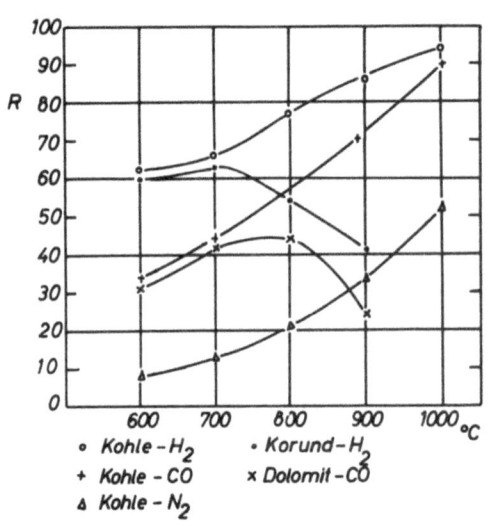

○ Kohle-H_2 • Korund-H_2
+ Kohle-CO   × Dolomit-CO
△ Kohle-N_2

A b b i l d u n g   23

Abhängigkeit des Reduktionsgrades vom Reduktionsmittel

Damit konnte erwiesen werden, daß im Kohlewirbelbett eine gute Gasausnutzung erzielbar ist. Die Erklärung des Vorganges ist auf zwei Arten möglich:

1. Das bei der Reduktion mit CO gebildete CO_2 setzt sich mit dem Koks nach CO_2 + C = 2CO um. Das CO wird jedoch in Zonen, die eine entsprechende Temperaturlage von 500 bis 600° C besitzen, teilweise zerlegt. Diese Reaktion wird durch das stets anwesende staubförmige Eisen katalytisch beschleunigt.

2. Eine Reaktion der bei der Reduktion gebildeten Kohlensäure mit dem Koks des Bettes kann nicht vollständig stattfinden, da die Aufenthaltszeit des Gases im Bett nicht ausreichend ist, um einen vollständigen Umsatz zu bewirken (Reaktionsträger Koks).
In jedem Fall ist es wichtig, die Reaktionsfähigkeit des Kokses gegenüber der Kohlensäure möglichst gering zu halten, um einerseits die Gasausnutzung zu verbessern, und um andererseits den Kohleverbrauch einzuschränken.

Wie in Abschnitt 4.132 nachgewiesen wurde, ist es möglich, zur Beschreibung der Reduktionsvorgänge die Bez. (12) zu verwenden. Aus Abbildungen 13 bis 15 und 19 ist der Faktor k der Bez. (12) zu errechnen. Die aus Versuchen ermittelte Größe von k ist in Abbildung 24 dargestellt.

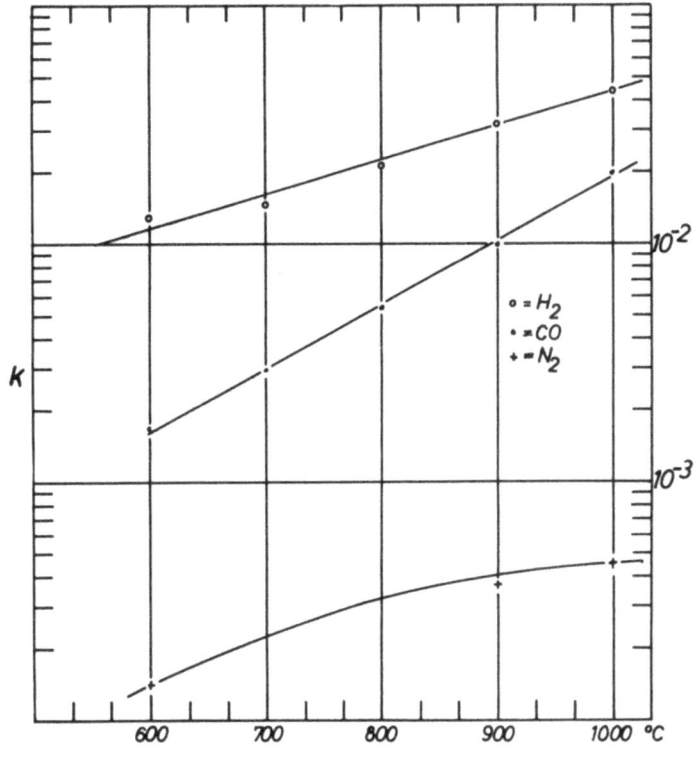

Abbildung 24

Abhängigkeit des Faktors k der Bez. (12) von der
Temperatur

Auch hier ergibt sich eine lineare Abhängigkeit des log k von der Temperatur, wie es bereits aus der Beziehung für log a = f (T) geschlossen werden mußte, wobei die Geraden log a = f (T) und log k = f (T) gleiche Steigungen aufweisen. Abweichungen im Verlauf der Kurve log k = f (T) für die Ergebnisse der Gruppe A sind darauf zurückzuführen, daß die Kurven R = f (T) in Abbildung 13 sich im Temperaturbereich um 550° C einander nähern. Dies bedeutet, daß der Einfluß der Korngröße nicht konstant ist wie in den Versuchsgruppen B und C.

Die Kurven der Abbildung 24 zeigen erneut den Einfluß des reduzierenden Mediums, indem die Geschwindigkeitskonstante k für die Versuchsgruppe C um zwei Zehnerpotenzen größer ist als für die Versuche der Gruppe A.

Die Deutung des Geschwindigkeitsfaktors k als eine Funktion eines Diffusionskoeffizienten oder seine Errechnung aus theoretischen Werten ist nicht möglich, da der bei den Versuchen bestimmte Reduktionsgrad lediglich einen Mittelwert darstellt, wie aus der Überlegung hervorgeht: Die gröberen Körner eines Erzgemisches scheiden sich wesentlich schneller aus dem Bett aus und liegen in einem weniger stark reduzierten Zustand vor als die Körner, die wegen ihrer geringeren Größe eine längere Aufenthaltszeit im Bett besitzen. Bei der chemischen Analyse der Endprodukte oder auch der Gasanalyse wird nur ein Mittelwert des Reduktionsgrades aller reduzierten oder teilreduzierten Körner angegeben. Eine Abscheidung des Erzes aus dem Haufwerk mit folgender Untersuchung der einzelnen Körner ist jedoch nicht möglich, weil damit ein zu lange dauernder Luftzutritt verbunden und eine Aufoxydation der feinen Teilchen verbunden ist.

4.134 Der Einfluß der Korngröße

Die bei den Reduktionsversuchen verwendeten Erzkorngrößen wurden hinsichtlich ihrer verschiedenen "Fallzeit" ausgewählt. So kann von der feinsten verwendeten Korngröße (0.07 mm) angenommen werden, daß sie mit der stabilen Komponente gemeinsam wirbelt, während die beiden anderen Korngrößen abgestufte "Fallzeiten" aufweisen, wie aus Abbildung 20 ersichtlich ist.

Wie bereits aus Abbildung 13 geschlossen werden kann, ist der Einfluß der Korngröße auf den Reduktionsgrad für die Versuche der Gruppe A temperaturabhängig, während im Bereich von 600° C bis 1000° C der Einfluß der Korngröße in den Versuchsgruppen B und C temperaturunabhängig ist.

Zur Ermittlung der Korngrößenabhängigkeit wurde durch mikroskopische Betrachtung und Vergleich mit in der Literatur angegebenen Werten die Größe des Oberflächenfaktors $\emptyset$ bestimmt. Die Ermittlung der mittleren Korngröße des Gemisches erfolgte durch Siebanalyse.

Tabelle 4 gibt einen Überblick über die bestimmten Werte.

Tabelle 4

d [mm] mittl. Korngr.	∅	d∅
0.07	1	0.07
0.155	0.9	0.14
0.680	0.7	0.48

Die Bez. (12) sagt aus, daß der Ausdruck a umgekehrt proportional dem Quadrat der Korngröße ist.

Durch Auswertung der in Abbildung 19 dargestellten Abhängigkeiten wurde der Einfluß der Korngröße ermittelt, wobei der theoretische Wert von $1/\emptyset r^2$ nur innerhalb der Gruppe A gefunden werden konnte. In den übrigen Versuchsgruppen ergab sich eine Abhängigkeit der Form $1/\emptyset r^n$. Die ermittelten Werte für den Exponenten n sind in Abbildung 25 dargestellt. Daraus ist ersichtlich, daß der Exponent n für die Versuchsgruppe A mit der Temperatur zunimmt und im Bereich um 1000° C den Wert 2 erreicht. Innerhalb der Gruppe B und C besteht im Bereich von 600 bis 1000° C keine Abhängigkeit des Exponenten von der Temperatur.

Die Abweichungen des Exponenten n voneinander bei Anwendung verschiedener gasförmiger Reduktionsmittel muß dahingehend gedeutet werden, daß sich bei den verschieden schnell verlaufenden Reduktionsprozessen der Oberflächenfaktor ∅ verschieden verändert. Die zeitliche Veränderung des Oberflächenfaktors ist bei den vorliegenden kleinen Körnungen nicht feststellbar.

Der Anstieg des Exponenten n bei den Versuchen der Gruppe A wird erklärt durch die Tatsache, daß bei geringen Temperaturen eine Reduktion nur bis zum Magnetit erfolgt, die schon bei der geringsten Anwesenheit von Kohlenoxyd im Gas stattfindet und unabhängig von der Korngröße ist. Mit steigender Temperatur macht sich der Korngrößeneinfluß allmählich mehr und mehr bemerkbar, wobei eine genaue Erklärung dieses Tatbestandes anhand des Versuchsmaterials nicht möglich ist.

Die Verschiedenheit der Kurven der Gruppe B und C einerseits und der Gruppe A andererseits läßt darauf schließen, daß die Reduktion in beiden Fällen verschiedenen Mechanismen folgt. Während im ersten Fall eine reine Gasreduktion vonstatten geht, ist im zweiten Fall eine kombinierte Gas- und Feststoffreduktion zu vermuten.

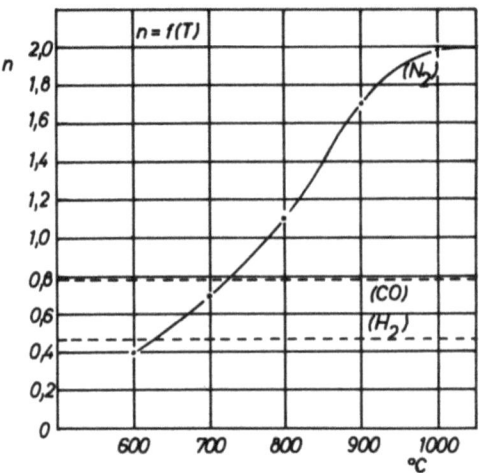

Abbildung 25

Abhängigkeit des Exponenten n von der Temperatur und dem Trägergas

4.135 Der Einfluß verschiedener stabiler Bettkomponenten

Wie Abbildungen 16 bis 18 aussagen, bildet sich bei Anwendung verschiedener mineralischer Stoffe ein charakteristischer Abfall des Reduktionsgrades heraus. Wie durch mikroskopische Untersuchung festgestellt werden konnte, handelt es sich dabei um die Wirkung einer Reaktion zwischen dem Erz und der Bettkomponente. Abbildungen 26 bis 28 zeigen Erzkörner, die in einem stabilen Bett aus Dolomit reduziert wurden. Deutlich erkennbar ist der auf der (schwarzen) Erzoberfläche festangesinterte Dolomitstaub (weiß). Die Menge des angesetzten Dolomits nimmt mit steigender Temperatur zu, so daß ein Verkleben und Verstopfen der Erzoberfläche eintritt und die Reduktion verlangsamt. Bei diesem Sintervorgang werden Verbindungen der Eisenoxyde mit der Komponente des stabilen Bettes gebildet.

Die unterschiedlichen Verläufe der Reduktionsgrad/Temperaturkurven bei verschiedenen Bettmedien sind damit erklärt, daß die einzelnen Medien unterschiedliche Verbindungen mit den verschiedenen Eisenoxyden eingehen, so daß die Reduktion bei Anwendung des einen Mediums gegenüber der bei Anwendung eines anderen Mediums verbessert oder verschlechtert wird. Im allgemeinen scheint die Oberflächenverstopfung des Erzes schon bei

Ansinterung von Dolomitkörnchen auf der Erzoberfläche

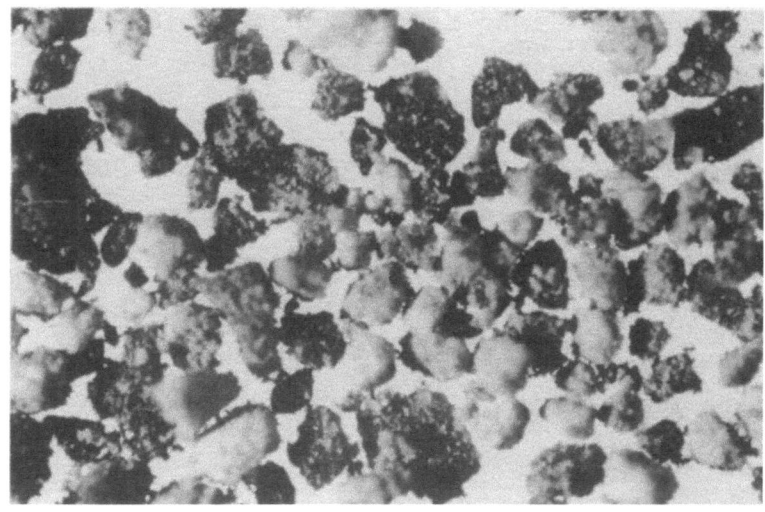

Abbildung 26
Temperatur: 600° C

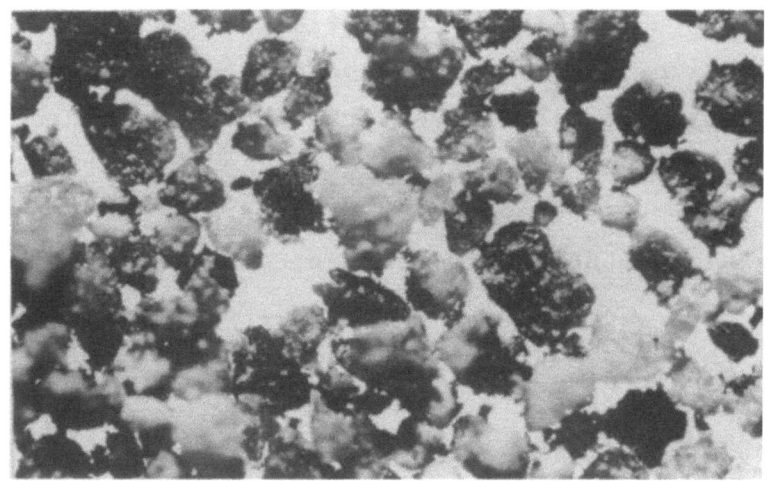

Abbildung 27
Temperatur: 700° C

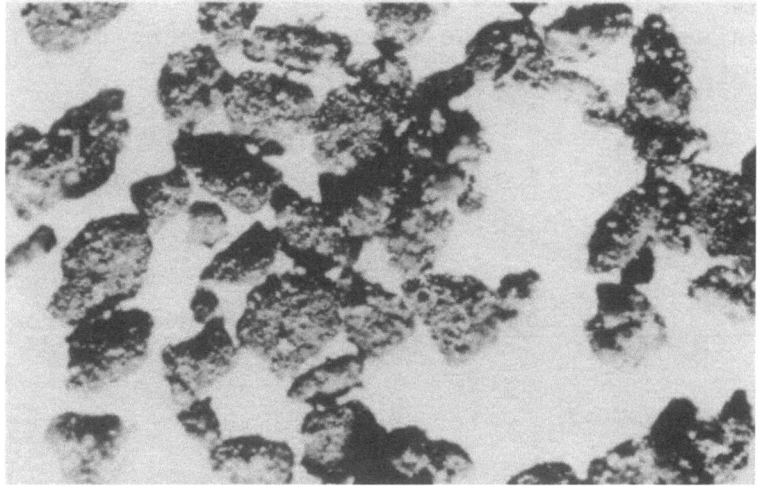

Abbildung 28
Temperatur: 800° C

niedrigen Temperaturen einzusetzen, da, mit Ausnahme der Kurven für
Dolomit und Korund, sämtliche Kurven schon bei 600° C bedeutend unterhalb der Kurve für Koks liegen.

Die unterschiedliche Lage der Kurven für die verschiedenen Bettmedien
wird außerdem erklärt durch die Tatsache, daß die "Fallzeit" der Erzkörner in den verschiedenen stabilen Betten unterschiedlich ist, wie
sich aus Anwendung der Bez. (5) ergibt. Aus den Kurven der Abbildungen
17 und 18 ist zu schließen, daß eine Anwendung dieser Hilfsstoffe in
der Praxis nicht möglich ist, wenn eine vollständige Reduktion angestrebt wird.

4.136 Sintererscheinungen in Wirbelbetten bei der Reduktion

Bei den Versuchen wurde ein besonderes Augenmerk darauf gerichtet, ob
bei einer Reduktion von Eisenerz im heterogenen Wirbelbett Sintererscheinungen auftreten, die ein weiteres Arbeiten unmöglich machen. Zu
diesem Zweck wurden die Eingangs- und die Ausgangsprodukte einer Siebanalyse unterworfen. Dabei waren in keinem Fall bei Verwendung von Koks
als stabiler Bettkomponente Sinterungen nachweisbar.

Lediglich bei Verwendung der Stoffe Kalkstein, S-M-Ofenschlacke und
Hochofenschlacke traten starke Sintererscheinungen auf, wogegen das
schon in 4.135 erwähnte Verkleben und Versintern der Oberflächen durch
verschiedene Stoffe mit Hilfe der Siebanalyse mit engster Unterteilung
der einzelnen Fraktionen nicht mehr nachgewiesen werden konnte. Damit
ist erwiesen, daß im Bereich von 600 bis 1000° C und einem Erz/Kohleverhältnis von ca. 1 : 10 keine Sintererscheinungen auftreten, die das
Arbeiten mit einem Wirbelbett unmöglich machen.

Einen Überblick über die Korngrößen vor und nach dem Versuch zeigen die
Tabellen 2a bis c (s. Anhang).

4.2 Die Reduktion im kontinuierlich betriebenen heterogenen Wirbelbett

4.21 Versuchseinrichtung

Zur Erfassung der bei der Reduktion von Eisenerz im kontinuierlich betriebenen heterogenen Wirbelbett auftretenden Gesetzmäßigkeiten wurde die in Abbildung 29 dargestellte Versuchsapparatur verwendet.

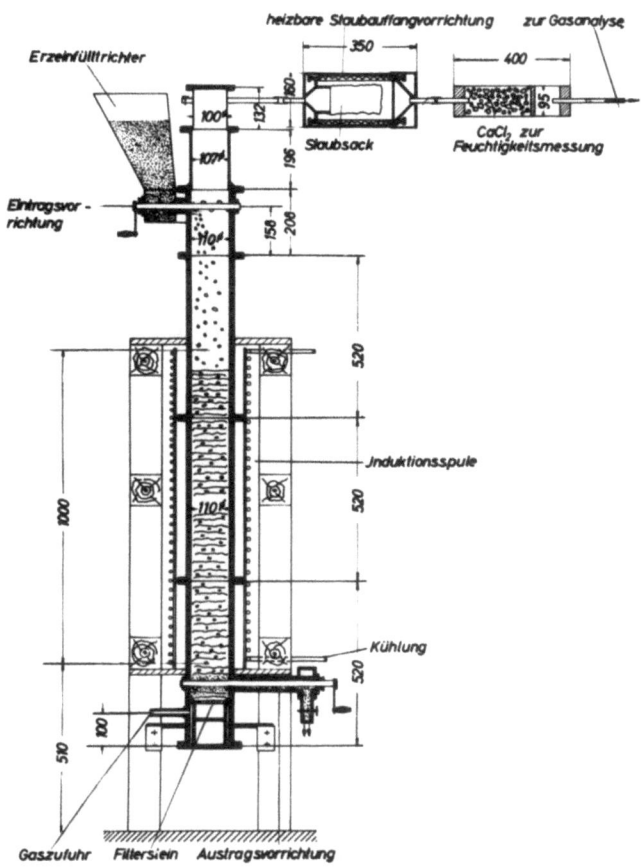

Abbildung 29
Versuchsapparatur zur kontinuierlichen Reduktion von
Eisenerz im Wirbelbett

Ein reduzierendes Gas durchströmt nach seiner Mengenmessung im Strömungsmesser einen Filterstein und versetzt ein Koksbett geeigneter Körnung und bestimmter Höhe in den Wirbelzustand. Die Verwendung von Koks als stabiler Bettkomponente und eines Reduktionsgases als Trägermedium wurde nach den in Abschnitt 4.1 dargelegten Versuchsergebnissen als für die Reduktion besonders günstig angesehen. Der Reaktionsraum bestand aus einem starkwandigen Stahlrohr, das durch induktive Beheizung auf Versuchstemperatur erhitzt wurde und damit im Bett die für die Ermittlung notwendige Temperatur bewirkte. Durch Messung der Temperaturverteilung über die Betthöhe (80 cm) wurde festgestellt, daß innerhalb des Bettes eine konstante Temperatur vorliegt, wobei an den Bettenden ein leichter Abfall zu verzeichnen ist. Die Temperaturmessung erfolgte deshalb mittels Thermoelementes in der Bettmitte. Die Eintragsvorrichtung für das zu reduzierende Erz gestattete es, wechselnde zeitliche Stoffmengen in das Bett einzubringen. Die Abführung des reduzierten Gutes erfolgte über eine gekühlte Austragsvorrichtung mit Schnecke und Schieber in ein gegen Luftzutritt geschütztes Gefäß. Das Abgas wurde nach seiner Trocknung und Reinigung der Gasanalyse unterworfen. Die Abmessungen der Versuchsanlage sind Abbildung 29 zu entnehmen.

Die induktive Beheizung erfolgte über eine wassergekühlte Kupferspule. Für die verwendete Mittelfrequenz-Anlage gelten folgende Daten:

    Antriebsmaschine: 380 V ; 50 Hz
    Generator: 2000 V ; 1000 Hz
    Windungszahl der Spule: 66

Durch Steuerung des Erregerstromes des Generators ist die Strom- bzw. die Leistungsaufnahme des Ofens und damit die Bett-Temperatur regelbar.

Die Leistungsaufnahme betrug 10 bis 30 kW.

Die maximale Leistungsaufnahme einer solchen Anlage, die aus Anhaltszahlen errechenbar ist [25], richtet sich nach dem Verhältnis der Länge zum Durchmesser der Spule.

In Tabelle 5 (s. Anhang) sind die wichtigsten Kennwerte der bei den Versuchen verwendeten Stoffe zusammengestellt.

4.22 Deutung der Versuchsergebnisse

4.221 Der Einfluß der Temperatur und der Korngröße

Abbildung 30 zeigt den Verlauf des Reduktionsgrades in Abhängigkeit von der Temperatur und der Erzkorngröße, wobei die pro Zeiteinheit durchgesetzte Menge konstant gehalten wurde. Das zum Aufwirbeln als Trägergas verwendete Medium war Kohlenoxyd.

Der Kurvenverlauf wurde nach der Beziehung

$$a = \frac{k}{\emptyset r^n} \, t \tag{12}$$

berechnet, wobei die Größen von k und n den in Abschnitt 4.1 bestimmten

Konstanten entsprechen. Die eingetragenen Punkte geben die Versuchsergebnisse wieder und werden durch den berechneten Kurvenverlauf gut beschrieben.

Damit ist nachgewiesen, daß die Korngrößen- und die Temperaturabhängigkeit nach (12) berechenbar sind.

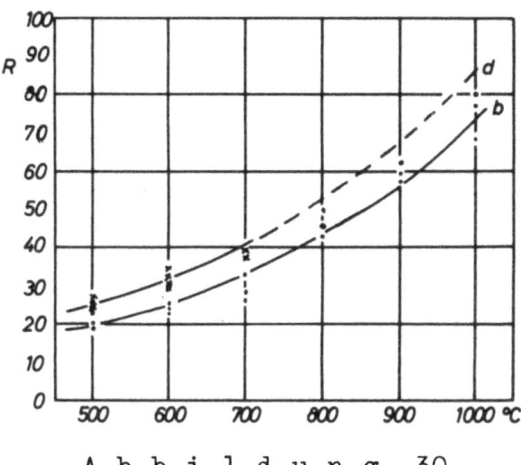

Abbildung 30

Abhängigkeit des Reduktionsgrades von der Temperatur und der Erzkörnung. (Punkte durch Versuch bestimmt. Kurvenverlauf nach Bez. (12) berechnet.)

Die pro Zeiteinheit durchgesetzte Menge betrug 800 cm³/ 0.5 h, wobei die Versuchsdurchführung nach folgendem Schema erfolgte:
1. Nach Erreichen der Versuchstemperatur erfolgte die gleichmäßige Zugabe von 800 cm³ Erz in einer halben Stunde.
2. Während einer halben Stunde wurde dem Erz Zeit gegeben, sich aus dem Bett zu entmischen, ohne daß eine Zugabe oder ein Abzug erfolgte. Nach dieser Zeit konnte angenommen werden, daß sich ein Teil bereits abgesetzt hatte, ein anderer sich noch im Schwebezustand befand.
3. Kontinuierliche Erzzugabe mit gleichzeitigem Abzug des Reaktionsproduktes. Durchsatzgeschwindigkeit: 800 cm³/ 0.5 h.

Nach diesem Versuchsschema betrug die mittlere Verweilzeit im Bett: t = 0.5 h. Diese Größe wurde zur Berechnung nach (12) verwendet und führte zu befriedigenden Ergebnissen.

Die unbekannte Größe des Oberflächenfaktors $\emptyset$ wurde bei mikroskopischer Betrachtung der Erzkörner geschätzt zu:

Korngröße b : $\bar{d}_b$ = 0.34 mm ; ∅ ca. 0.5 $\bar{d}_b$∅ = 0.17
"   d : $\bar{d}_d$ = 0.07 mm ; ∅ ca. 1 $\bar{d}_d$∅ = 0.07

Der Befund der Abbildung 30 zeigt nicht nur eine Übereinstimmung der mit den Konstanten berechneten und der experimentellen Werte, er zeigt sich auch in Übereinstimmung mit Abbildung 20, daß nach einer Aufenthaltszeit des Erzes von 30 min im Kohlebett bei einer Temperatur von 900° C und vorliegenden Korngrößen ein Reduktionsgrad von 55 bis 65% erreicht ist.

Mit dieser Aussage liegt der Schluß nahe, daß bei verlängerter Aufenthaltszeit im Bett der Reduktionsgrad beträchtlich gesteigert werden kann, da nach Abbildung 20 der Reduktionsgrad bei einer Stunde Anwesenheit im Bett 80 bis 85% beträgt.

Um die Homogenität des Systems zu wahren, kann die Betthöhe zur Steigerung der Aufenthaltszeit nicht beliebig vergrößert werden. Deshalb wurden Versuche unternommen, die Anwesenheitszeit des Erzes dadurch zu erhöhen, daß das vorreduzierte Produkt erneut in das Reaktionsgefäß eingeführt wurde, so daß ein zweistufiger Prozeß entsteht.

Ein Erz der mittleren Korngröße $\bar{d}$ = 0.2 mm wurde bei 800° C vorreduziert und zeigte einen Reduktionsgrad von 32%.

Dieses vorreduzierte Produkt wurde erneut in das Kohlewirbelbett eingebracht und bei zwei verschiedenen Temperaturen reduziert. Dabei ergaben sich folgende Reduktionsgrade:

T	R
600° C	48 %
800° C	63 %

Daraus ergibt sich, daß der Reduktionsgrad R in einem zweistufigen Verfahren bei 800° C gegenüber einem einstufigen Prozeß verdoppelt werden kann. Eine Vorreduktion bei 800° C mit nachfolgender Reduktion bei 600° C vermag eine Steigerung des Reduktionsgrades von 30% zu erzielen.

Bei diesen Versuchen wurden die Verhältnisse dadurch erschwert, daß das Erz zwischen den einzelnen Stufen abgekühlt werden mußte. In einem kontinuierlich durchgeführten zwei- oder dreistufigen Prozeß scheint unter vorliegenden Verhältnissen ein Reduktionsgrad von 100% erreichbar.

Nach der chemischen Analyse wies das Reduktionsprodukt der beiden Stufen folgende Anteile an metallischem Eisen auf:

1. Vorreduktion: 8,5%
2. 2. Stufe bei 600° C: 34%
3. 2. Stufe bei 800° C: 55%

Das bedeutet, daß nach der zweiten Stufe bei 800° C 55% des gesamten Einsatzes an Erz in der Form metallischen Eisens vorliegt.

4.222 Der Einfluß des reduzierenden Mediums

Zur Ermittlung des Einflusses, den die reduzierenden Medien auf den Reduktionsgrad ausüben, wurde bei einer Temperatur von 700° C die Wirkung der Gase Wasserstoff und Kohlenoxyd unter sonst gleichen Bedingungen untersucht. Tabelle 6 gibt einen Vergleich der mit Bez. (12) errechneten Werte $[R_{err.}]$ und der experimentell ermittelten Werte $[R_{exp.}]$ des Reduktionsgrades.

Die Aufenthaltszeit wurde mit t = 0.5 h in Bez. (12) angenommen.

Tabelle 6

Gas	$R_{err.}$	$R_{exp.}$	$\bar{d}_b \emptyset$	Durchsatz
CO	33 %	27 %	0.170	800 cm³/0.5 h
H_2	58 %	54 %	0.170	800 cm³/0.5 h

Die Übereinstimmung der berechneten und der experimentell bestimmten Werte des Reduktionsgrades ist als befriedigend anzusehen. Damit ist es möglich, auch den Einfluß verschiedener gasförmiger Medien durch Bez. (12) mit den angegebenen Kenngrößen darzustellen.

4.223 Der Einfluß der Durchsatzmenge auf den Reduktionsgrad

Zur Ermittlung des Einflusses der Durchsatzmenge wurde in Abbildung 31 der Reduktionsgrad in Abhängigkeit von der Durchsatzmenge [in $cm^3/0.5$ h] dargestellt. Die Angabe in cm^3 / Zeit wurde gewählt, um einen Vergleich der verschiedenen Korngrößen zu erhalten, da die den Volumenangaben entsprechenden Gewichtsangaben innerhalb verschiedener Körnung nicht gleich sind.

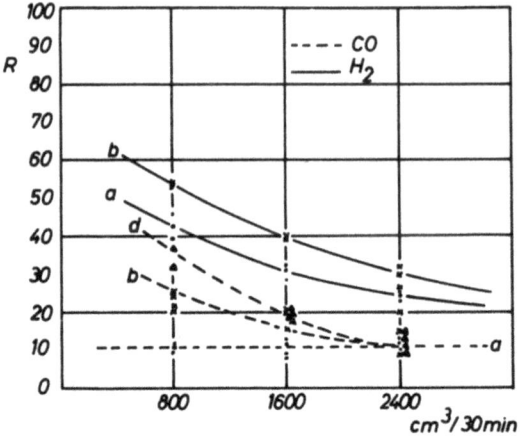

Abbildung 31

Der Einfluß der zeitlichen Durchsatzmenge auf den Reduktionsgrad

Tabelle 7 gibt die Umrechnung der Volumen- in die Gewichtsangaben.

Tabelle 7

	[cm^3]	[kg]
Körnung a (0.5 - 0.75 mm)	800	3.6
	1600	7.2
	2400	10.8
Körnung b (0.3 - 0.50 mm)	800	3.504
	1600	7.008
	2400	10.512
Körnung d (unter 0.1 mm)	800	2.264
	1600	4.528
	2400	6.792

Der erreichbare Reduktionsgrad sinkt mit steigender Durchsatzmenge stark ab. Dabei beziehen sich die ausgezogenen Kurven auf Wasserstoff und die gestrichelten Kurven auf Kohlenoxyd als Reduktionsgase.

Die Erklärung für den Abfall des Reduktionsgrades besteht darin, daß bei konstanter Temperatur das Gas nur eine bestimmte, für die Umstände spezifische Sauerstoffmenge abzubauen vermag. Verdoppelt man die Erzzugabe und damit die eingebrachte Sauerstoffmenge, muß der Reduktionsgrad sinken, wenn die abgebaute Sauerstoffmenge konstant bleiben soll Der Reduktionsgrad sinkt dabei nicht unter den Wert von 10%, da der Abbau von Hämatit zu Magnetit, der diesem Wert entspricht, leicht erfolgt und in den meisten Fällen quantitativ verläuft.

Diese Überlegung, die folgert, daß der Reduktionsgrad bei verdoppelter Durchsatzmenge um die Hälfte sinkt, wird durch Abbildung 31 qualitativ bestätigt.

Ein Beispiel für die bei einer bestimmten Körnung und unter bestimmten vorliegenden Umständen abbaufähige Sauerstoffmenge ergibt sich wie folgt:

<u>Erzkörnung:</u> 0.17 mm: [800 cm^3 = 3.6 kg/ 0.5 h]

Mit den ermittelten Reduktionsgraden ergibt sich: (in kg Sauerstoff)
600° C: 0.27 kg; 700° C: 0.36 kg; 800° C: 0.46 kg; 900° C: 0.62 kg;

<u>Erzkörnung:</u> 0.07 mm: [800 cm^3 = 2.3 kg/ 0.5 h]

600° C: 0.22 kg; 700° C: 0.28 kg; 800° C: 0.36 kg; 900° C: 0.47 kg.

4.224 Der Einfluß der Versuchsdauer

In Abbildung 32 ist die Abhängigkeit des Reduktionsgrades bei konstanter zeitlicher Durchsatzmenge von 800 cm^3/0.5 h von der Versuchsdauer dargestellt. Die Versuche, die bei 900 und 1000° C durchgeführt wurden, zeigen, daß von einer längeren Versuchsdauer kein Einfluß auf den Reduktionsgrad ausgeübt wird.

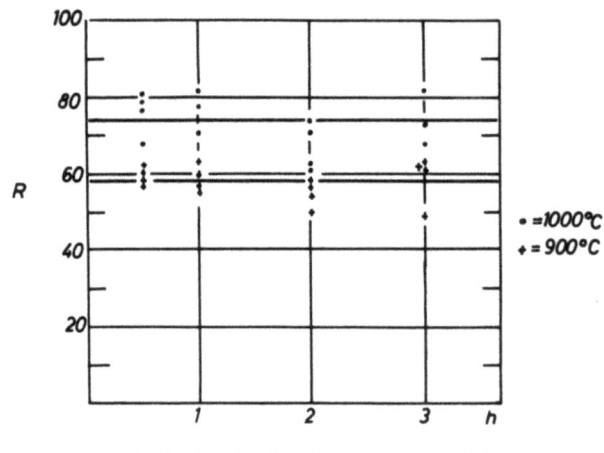

Abbildung 32

Abhängigkeit des Reduktionsgrades von der Versuchsdauer

4.225 Sintererscheinungen

Bei der Durchführung der kontinuierlichen Reduktionsversuche wurde, wie schon bei früheren Versuchen besonderer Wert darauf gelegt, ob bei der Reaktion Sintererscheinungen des Erzes auftreten. Im Bereich der untersuchten Erz/Kohlegemische im Verhältnis von 1 : 9 bis 1 : 3 wurden keine durch die in feinen Fraktionen durchgeführte Siebanalyse nachweisbaren Sintererscheinungen ermittelt. (s. Tab. 5i. Anhang.)

4.226 Betrachtungen zur Gasausnutzung und zum Kohleverbrauch

Zur Verdeutlichung der Reduktionsverhältnisse und der Gasausnutzung dient folgendes Beispiel:

Bei einer Versuchstemperatur von 1000° C ergab sich bei der kontinuierlichen Reduktion folgende Gasanalyse:

$$CO : 70 \% ; \qquad CO_2 : 30 \%$$

Diese Analysen liegen stark unterhalb des Gleichgewichtszustandes bei dieser Temperatur (98% CO). Aus der chemischen Analyse des Endproduktes errechnete sich ein Reduktionsgrad von 74%. Da 7.0 kg Erz pro Stunde eingeführt wurden [1] (entspr. 2.1 kg Sauerstoff), konnten 74%, d.h. 1.554 kg Sauerstoff abgebaut werden.

---

1. entspr. einem Erzdurchsatz von 735 kg/m^2 · h

Seite 62

In der gleichen Zeit wurden 1.02 m³ Kohlenoxydgas eingeblasen, die 0.728 kg Sauerstoff einbrachten

Die insgesamt ausgebrachte Sauerstoffmenge beträgt:

    1.554 kg   (aus dem Erz)
    0.728 kg   (aus dem Gas)
    ―――――――
    2.282 kg

Um eine Sauerstoffmenge von 1.554 kg chemisch abzubinden, ist eine Kohlenoxydmenge von 2.18 m³ notwendig. Da nur eine Menge von 1.02 m³ Gas eingeblasen wurde, muß der Rest aus einer Reaktion der bei dem Vorgang gebildeten Kohlensäure mit dem Koks des Bettes entstanden sein. Aus der Abgasanalyse und der ausgebrachten Sauerstoffmenge errechnet sich eine Abgasmenge zu:

    1.72 m³   CO   (70%)
    0.738 m³ CO_2 (30%)
    ――――――――
    2.458 m³

Damit ist die Abgasmenge um 0.7 m³ CO und um 0.738 m³ CO_2 größer als die eingeblasene CO-Menge.

Der dadurch verursachte Kohlenstoffverbrauch ist:

    700 l CO   = 375 gr (C)$_{CO}$
    738 l CO_2 = 396 gr (C)$_{CO_2}$
                        ――――――
                        771 gr C

Da der verwendete Koks einen Kohlenstoffgehalt von 88% aufweist, wurden verbraucht:

        876 gr Koks.

Dieser Verbrauch ist stark von der Abgasanalyse abhängig. Würde diese folgende Werte aufweisen: 80% CO und 20% CO_2, wäre der Kohlenstoffverbrauch bei gleichem Reduktionsgrad 880 gr C oder 1000 gr Koks.

Bei Gleichgewichtseinstellung (98% CO): 1130 gr C oder 1284 gr Koks.

Der theoretische, aus der vorliegenden Gasanalye (70% CO) errechnete Koksverbrauch liegt in Wahrheit vermutlich höher, da die Abgasanalyse keinen Schluß darüber zuläßt, in welchem Umfang sich das Gleichgewicht im Bett einstellt. Es ist durchaus denkbar, daß innerhalb des Bettes ein höheren CO/CO_2-Verhältnis vorliegt, so daß ein höherer Koksverbrauch resultiert. Das in tiefere Temperaturzonen gelangende Gas zerfällt unter günstigen Bedingungen unter Abscheidung von Spaltungskohlenstoff, der den effektiven Kohlenstoffverbrauch mildert.

So kann innerhalb des Bettes (bei Gleichgewichtseinstellung) ein Kohlenstoffverbrauch von 1130 gr eintreten. Durch den Kohlenoxydzerfall werden 359 gr Spaltungskohlenstoff gebildet, so daß der effektive Kohlenstoffverbrauch bei der bekannten Endanalyse 771 gr beträgt.

Damit ergibt sich bei Gleichgewichtseinstellung im Bett:

    effektiver Koksverbrauch: 1284 gr
    spezifischer Koksverbrauch: 0.83 gr/gr abgeb. Sauerstoff
    effektiver Kohlenstoffverbrauch: 771 gr
    spezifischer Kohlenstoffverbrauch: 0.49 gr/gr abgeb. Sauerstoff

Durch Förderung des Kohlenoxydzerfalls kann somit der Kohlenstoffverbrauch stark verringert werden.

In einem zweistufig durchgeführten Prozeß ist eine weitere Senkung des Verbrauches an Kohlenstoff möglich: in einer ersten Reduktionsstufe werden z.B. bei $1000°$ C wie in geschildertem Beispiel 1.554 kg Sauerstoff abgebaut. Das Abgas (1.72 m^3 CO; 0.738 m^3 CO_2) wird dazu verwendet, ein homogenes Erzwirbelbett zu bilden. Das Abgas sei in der Lage, diese zweite Stufe auf $600°$ C vorzuwärmen und eine Reduktion von 10% (Hämatit -------► Magnetit) zu bewirken. Das Abgas dieser Stufe, die keine Kokskomponente enthält, hat, Gleichgewichtseinstellung vorausgesetzt, eine Analyse von

$$30 \% \text{ CO und } 70 \% \text{ CO}_2$$

Die Veränderung der Gasanalyse wird teilweise durch den Reduktionsvorgang und teilweise durch den in diesem Temperaturgebiet starken Kohlenoxydzerfall bewirkt.

Insgesamt ergibt sich folgendes Schema:

1. Stufe: Sauerstoffabbau: 1.554 kg - Koksverbrauch: 1284 gr
Kohlenstoffverbrauch: 1130 gr
durch CO-Zerfall zurückgewonnene Kohlenstoffmenge: 359 gr.

2. Stufe: Sauerstoffabbau: 0.21 kg
durch CO-Zerfall zurückgewonnene Kohlenstoffmenge: 217 gr.

Sauerstoffabbau insgesamt: 1.764 kg
Reduktionsgrad insgesamt : 84 %
effektiver Koksverbrauch : 1284 gr
spezifischer Koksverbr. : 0.73 gr/gr abgeb. Sauerstoff
effektiver Kohlenstoffverbrauch: 554 gr
spezifischer Kohlenstoffverbr. : 0.31 gr/gr abgeb. Sauerstoff

Der bei der Reduktion gebildete feinverteilte Spaltungskohlenstoff kann im allgemeinen nur qualitativ nachgewiesen werden. Er setzt sich an den Wandungen im oberen Teil des Reaktionsrohres ab oder wird mit dem Abgas aus dem System ausgetragen. Da er sich stets in einem gewissen Überschu. an Koksstaub befindet, ist seine quantitative Bestimmung nicht möglich. Durch Gasreinigung ist jedoch der gesamte mit dem Gas ausgetragene Kohlenstoff- oder Koksanteil zurückzugewinnen und zu verwerten. Die qualitative Mengenbilanz zeigt folgendes Schema:

Eingebrachte Mengen:
Koks: 8.510 kg; Betthöhe: 80 cm; Erz: 7.0 kg

Ausgebrachte Mengen:
Betthöhe nach dem Versuch: 58 cm
Gesamtkoksverlust: 2150 gr
Mit dem Erz ausgetragen: rd. 750 gr
Mit dem Gas ausgetragen: rd. 400 gr
Damit beträgt der Kohleverlust: rd. 1000 gr

5. Zusammenfassung

Die Reduktion von Eisenerzen in Wirbelbetten - auch Fließbetten oder Wirbelschichten genannt - ist ein Problem der metallurgischen Technologie, dessen Lösung z.Z. noch nicht in befriedigender Weise gelungen ist. Trotz vieler derzeit mit großem Aufwand betriebener Unternehmungen zu technisch und wirtschaftlich brauchbaren Lösungen dieses Problems zu kommen, sind die zur Verfügung stehenden Verfahren und Verfahrensvorschläge noch insofern unbefriedigend, als sie das Zentralproblem der Wirbelbettreduktion - das Instabilwerden durch Sinterung der Erzteilchen - nur unvollkommen beherrschen.

In dieser Arbeit wird über ein neues Reduktionsverfahren im Wirbelbett bei Temperaturen unterhalb 1000° C berichtet, dessen besonderes Ziel es ist, die Sinterungserscheinungen weitgehend zu vermeiden. Das Bett besteht in diesem Fall aus einer stabilen Komponente, in die das zu reduzierende Feinerz in einer solchen Korngröße eingebracht wird, daß es sich im Verlauf des Reduktionsvorganges aus dem stabilen Bett mit einer durch die Korngröße beeinflußbaren Geschwindigkeit abscheidet.

Aus den Ergebnissen über das Reduktionsverhalten von Eisenerzen in einem solchen heterogenen Wirbelbettsystem sind folgende Schlüsse zu ziehen:

1. Stabile Bettkomponente: Der Verwendung mineralischer Stoffe hierfür sind dadurch Grenzen gesetzt, daß diese dazu neigen, sich feinverteilt auf der Erzoberfläche abzusetzen und den Reduktionsvorgang einzuschränken. Bei Verwendung von Koksstaub konnten keine derartigen Schwierigkeiten ermittelt werden. Ein Umsatz des als Träger des Bettes verwendeten Reduktionsgases oder der gasförmigen Reduktionsprodukte mit dem Koks des Bettes kann je nach den Bedingungen als förderlich oder als störend angesehen werden. Die in das System pro Zeiteinheit eingeführte Gasmenge, die durch die Korngröße der stabilen Komponente vorgegeben und festgelegt ist, kann dem Erz nur eine bestimmte Sauerstoffmenge entziehen und begrenzt somit die Durchsatzmenge des Erzes. Durch den Umsatz des gasförmigen Reaktionsproduktes (CO_2 bzw. H_2O) mit dem Koks des stabilen Bettes wird die Menge des reduzierenden Gases vergrößert und die mögliche Durchsatzmenge an Erz gesteigert. Als störend muß dabei ein gewisser Koksverbrauch und der von außen einzubringende Wärmebedarf für die Re-

duktion von CO_2 und H_2O angesehen werden. Dieser Kohleverbrauch ist zu verringern durch Verwendung von reaktionsträgem Koks, der eine geringere Neigung besitzt, sich mit dem Reaktionsprodukt umzusetzen.

2. Sinterungserscheinungen: Ein Zusammensintern des Erzes konnte bei den untersuchten Erz/Kohleverhältnissen von 1 : 9 bis 1 : 3 nicht beobachtet werden.

3. Reduktionsgrad: Der bei dem Prozeß erreichbare Reduktionsgrad steigt gesetzmäßig mit der Temperatur, der Zeit und abnehmender Korngröße des Erzes an, wobei eine Vergrößerung der zeitlich durchgesetzten Erzmenge den Reduktionsgrad senkt. Bei konstanter Durchsatzmenge pro Zeiteinheit besteht keine Zeitabhängigkeit der Ergebnisse.

Der Reduktionsgrad ist unter gleichen Versuchsbedingungen bei Anwendung von Wasserstoff als reduzierendem Trägergas höher als bei Anwendung von Kohlenoxyd.

Für die Berechnung des in einer Anlage erreichbaren Reduktionsgrades werden Beziehungen und Kennwerte angegeben.

Der Reduktionsgrad für 800°C Reduktionstemperatur kann in einem zweistufigen Prozeß gegenüber einem einstufigen Prozeß verdoppelt werden.

4. Erwärmung eines Bettes im Gegenstrom:
Die Erwärmung eines homogenen Erzbettes ist im Gegenstrom durch ein Heizgas möglich. Die erzielbare Temperaturdifferenz für eine Betthöhe von L = 100 cm liegt bei ca. 200 bis 250° C.

Nach 1. bis 4. ergeben sich folgende grundlegende Bedingungen für einen kontinuierlich arbeitenden Reduktionsprozeß bei Verwendung von Kohlenoxyd als Reduktionsmittel und Koks als stabiler Bettkomponente:

I. Stufe. - Vorreduktion

Bett: homogenes Erzwirbelbett.
Gas : Abgas der II. und/oder der III. Stufe.
Funktion: Das diese Stufe kontinuierlich durchlaufende Erz wird durch

das heiße Abgas der anderen Stufen aufgeheizt und vorreduziert. Bei günstiger Wahl der Temperatur tritt hier ein Kohlenoxydzerfall ein, durch den eine gewisse Kohlenstoffmenge zurückgewonnen werden kann.

II. Stufe. - Reduktion zum Zwischenprodukt

Bett: heterogenes Erz/Kohlewirbelbett.
Gas : reines Kohlenoxyd oder Abgas der III. Stufe.
Funktion: Das in der I. Stufe vorreduzierte Erz wird kontinuierlich in ein stabiles Bett aus Koksstaub eingeführt und zu einem Zwischenprodukt reduziert.

III. Stufe. - Reduktion zum Endprodukt

Bett: heterogenes Erz/Kohlewirbelbett.
Gas : reines Kohlenoxyd.
Funktion: Das Reduktionsprodukt der II. Stufe wird fertigreduziert. Die Reduktion erfolgt in einem stabilen Bett, das aus Koksstaub aufgebaut wurde.

Durch Einstellung verschiedener Temperaturen der einzelnen Stufen oder durch Veränderung der Gaszusammensetzung ist damit breiter Raum für die Verarbeitung verschiedener Erze oder Erzkörnungen gegeben.

                          Prof. Dr.-Ing. Dr.-Ing. E.h. Hermann Schenck
                          Dr.-Ing. Werner Wenzel
                          Dr.-Ing. Hanns-Dieter Butzmann

6. Tabellen

Tabelle 2

Die chemische Analyse des verwendeten Erzes:

Fe %	Mn %	P %	S %	SiO$_2$ %	Al$_2$O$_3$ %	CaO %	MgO %	H$_2$O %
68	0.06	0.03	0.02	0.76	1.03	0.33	0.11	1.10

entspricht 96.5 % Fe$_2$O$_3$

Die chemische Analyse der Kohle:

C	H$_2$O	Asche	Korngröße
88 %	1 %	11 %	0.1 - 0.2 mm

Die chemische Analyse des Reduktionsgases:

Kohlenmonoxyd: 93 %; Verunreinigungen: 7 %
Wasserstoff : 99 %; Verunreinigungen: 1 %

Die chemische Analyse der Hilfsmineralien:

Stoffe	CaO	SiO$_2$	MgO	Al$_2$O$_3$	Fe$_2$O$_3$	FeO	Fe	MnO
Kalk	100	-	-	-	-	-	-	-
Sand	-	100	-	-	-	-	-	-
Dolomit	54.0	2.6	35.0	3.0	-	-	-	-
Korunit	-	13.0	-	87.0	-	-	-	-
Magnesit	4.0	3.0	86.0	2.0	5.0	-	-	-
Kalkstein	(rein)							
SM-Schl.	34.8	12.4	0.9	3.79	5.97	14.0	0.7	8.8
E-Schl.	31.0	28.9	0.9	3.01	1.93	4.07	1.3	1.1
HO-Schl.	41.0	30.0	1.4	3.34	0.83	1.89	0.3	1.8

Tabelle 2 (a)

Siebanalysen

a.) Bei Versuchen im nichtkontinuierlich betriebenen Wirbelbett.
a.1) stabiles Bett: Koks der Korngröße von 0.1 bis 0.2 mm
    Erzkorngröße :   I.) 0.07 mm
                         II.) 0.1 - 0.2 mm
                         III.) 0.5 - 0.75 mm

Siebfraktion									
0.06	5.28	-	-	-	-	-	-	-	-
0.06 - 0.075	5.14	-	-	-	-	-	-	-	-
0.075 - 0.090	12.8	-	-	-	-	-	-	-	-
0.090		20.4	21.46	25.73	-	-	-	27.06	-
0.090 - 0.120	29.8	28.2	27.4	31.1	-	-	-	31.3	-
0.120	-	-	-	-	52.1	49.1	45.4	-	44.0
0.120 - 0.150	23.8	24.7	24.1	21.9	-	-	-	21.9	-
0.120 - 0.200	-	-	-	-	40.6	44,1	45.8	-	49.6
0.150 - 0.200	20.2	24.2	25.3	22.2	-	-	-	19.2	-
0.200 - 0.300	0.4	0.7	0.9	0.2	0.4	0.5	1.4	0.2	0.5
0.300	0.06	-	-	-	-	-	-	-	-
0.300 - 0.400	-	0.01	0.06	0.02	0.4	0.4	0.9	0.01	0.4
0.400 - 0.500	-	0.02	0.07	0.09	3.0	2.6	3.2	0.03	2.0
0.500	-	-	0.05	0.03	-	-	-	0.03	-
0.500 - 0.600	-	-	-	-	1.4	1.5	1.5	-	1.0
0.600 - 0.750	-	-	-	-	1.3	1.7	1.9	-	1.5
Red. temperat.	900	700	900	800	700	800	900	1000	1000
Erz	I	II	II	II	III	III	III	II	III

Tabelle 2 (b)

Siebanalysen

a.3) stabiles Bett: Korunit (Korngröße als "roh" angegeben)
Erzkorngröße : 0.1 bis 0.2 mm   Reduktionsgas: CO

Siebfraktion	600°C	700°C	800°C	900°C	roh
0.5	0.000	0.018	0.004	0.030	0.000
0.4 - 0.5	0.000	0.010	0.004	0.006	0.000
0.3 - 0.4	0.200	0.010	0.028	0.016	0.032
0.25 - 0.3	0.009	0.050	0.030	0.060	0.092
0.20 - 0.25	1.198	0.760	0.898	1.050	1.398
0.15 - 0.20	23.550	22.928	19.382	21.450	26.346
0.12 - 0.15	19.153	19.904	18.926	19.502	21.263
0.10 - 0.15	15.400	15.300	15.290	14.010	16.371
0.075 - 0.1	20.718	19.802	20.750	20.764	20.071
0.06 - 0.075	8.736	9.224	9.242	10.218	6.407
0.06	10.072	10.952	13.763	10.910	7.208

Reduktionsgas: H_2

Siebfraktion	600°C	700°C	800°C	900°C
0.5	0.098	0.021	0.068	0.099
0.4 - 0.5	0.081	0.029	0.018	0.021
0.3 - 0.4	0.092	0.078	0.041	0.055
0.25 - 0.3	0.129	0.151	0.011	0.136
0.20 - 0.25	1.791	0.257	0.605	0.621
0.15 - 0.20	22.004	23.446	22.564	21.981
0.12 - 0.15	20.782	20.785	20.584	21.490
0.10 - 0.12	15.598	15.346	15.880	15.591
0.075 - 0.1	20.987	21.505	20.759	22.171
0.060 - 0.075	8.195	7.889	8.805	8.398
0.060	9.422	9.349	9.710	7.900

Tabelle 2 (c)

Siebanalysen

a.2) stabiles Bett: Sand (Korngröße als "roh" angegeben)
Erzkorngröße : 0.1 bis 0.2 mm Reduktionsgas: CO

Siebfraktion	600°C	700°C	800°C	900°C	roh
0.5	0.005	0.016	0.009	0.005	0.016
0.4 - 0.5	0.006	0.005	0.009	0.001	0.082
0.3 - 0.4	0.040	0.035	0.034	0.006	0.176
0.25 - 0.3	0.505	0.062	0.076	0.017	1.899
0.2 - 0.25	0.350	0.570	0.428	0.077	45.407
0.15 - 0.20	30.955	31.299	29.810	31.494	25.470
0.12 - 0.15	27.399	26.909	26.669	26.497	13.820
0.10 - 0.12	17.030	15.269	15.647	15.058	8.699
0.075 - 0.1	16.162	15.544	15.765	15.663	2.348
0.06 - 0.075	4.539	5.880	5.616	6.130	1.634
0.06	3.155	4.152	5.561	3.723	1.001

Reduktionsgas: H_2

Siebfraktion	600°C	700°C	800°C	900°C
0.5	0.006	0.071	0.018	0.002
0.4 - 0.5	0.010	0.003	0.009	0.012
0.3 - 0.4	0.105	0.045	0.055	0.059
0.25 - 0.3	0.145	0.079	0.116	0.105
0.2 - 0.25	0.876	0.686	0.455	0.480
0.15 - 0.20	33.295	28.081	35.278	34.351
0.12 - 0.15	25.350	24.376	26.612	25.906
0.10 - 0.12	14.880	13.580	14.491	14.619
0.075 - 0.1	14.540	13.753	13.240	14.136
0.06 - 0.075	5.442	5.079	4.575	5.190
0.06	4.791	3.768	4.540	1.634

Tabelle 2 (d)

Reduktion im nichtkontinuierlich betriebenen Wirbelbett.

Ergebnisse der Versuchsgruppe A

Gas: N_2 Betthöhe L = 300 mm   Koks: nach Tabelle

R_c = Reduktionsgrad aus der chemischen Analyse bestimmt
R_g = Reduktionsgrad aus der Gasanalyse bestimmt

Reduktionstemp. [°C]	Erzkorngröße [mm]	R_c [%]	R_g [%]
525	0.07	10.0	
595		5.0	
595		7.0	
700		17.0	16.8
700		14.7	14.3
700		17.0	19.0
730		6.9	
800		27.0	31.3
800		29.0	37.2
800		31.0	36.0
800		30.5	30.0
800		34.0	32.0
900		53.0	63.0
900		64.0	
1000		85.0	90.0
1000		69.0	
595	0.1 - 0.2	8.3	
700		12.4	10.8
700		14.3	10.9
800		14.9	20.8
800		20.0	14.8
800		21.0	20.0
800		17.0	17.0
800		21.0	19.0
800		16.0	22.0

Fortsetzung von Tabelle 2 (d)

Reduktionstemp. [°C]	Erzkorngröße [mm]	R_c [%]	R_g [%]
800		26.0	20.0
900		31.6	37.5
1000		52.3	
1000		57.0	46.0
595	0.5 - 0.75	10.0	
665		10.0	
700		9.1	8.9
700		4.0	6.0
730		10.0	
800		3.5	10.5
800		3.5	8.9
800		35.0	12.0
800		8.0	9.5
800		11.0	13.0
900		9.7	14.0
1000		17.0	20.0

Tabelle 2 (e)

Ergebnisse der Versuchsgruppe B

Gas: CO   Betthöhe L = 300 mm   Koks: nach Tabelle

Reduktionstemp. [°C]	Erzkorngröße [mm]	R_c [%]	R_g [%]
525	0.07	34.0	
525		30.0	
550		37.0	
595		40.0	
600		47.1	44.0
700		57.0	62.0
730		62.0	
800		60.0	70.0
800		68.0	69.0
800		73.0	67.0
900		67.0	85.0
525	0.1 - 0.2	29.0	
595		36.0	
595		32.3	
665		42.0	
700		55.0	45.0
730		48.0	
800		65.5	49.0
800		45.0	50.0
800		57.0	65.0
800		71.0	48.0
900		70.0	72.0
595	0.5 - 0.75	24.0	
665		22.0	
700		29.0	34.0
730		31.0	
800		41.0	41.0
800		31.0	34.0
800		36.0	40.0
800		38.0	38.0

Fortsetzung von Tabelle 2 (e)

Reduktionstemp. [°C]	Erzkorngröße [mm]	R_c [%]	R_g [%]
900		34.0	58.0
900		63.0	50.0

Tabelle 2 (f)

Ergebnisse der Versuchsgruppe C

Gas: H_2 Betthöhe: L = 300 mm Koks: nach Tabelle

Reduktionstemp. [°C]	Erzkorngröße [mm]	R_c [%]
595	0.1 - 0.2	64.0
665		68.0
700		70.0
700		66.0
700		63.0
800		61.0
800		77.0
800		77.0
900		80.0
900		86.0
1000		95.0
595	0.5 - 0.75	43.0
700		55.0
700		51.0
700		60.0
800		61.0
800		59.0
900		72.0
1000		80.0

Tabelle 2 (g)

Ergebnisse der Gruppe D und E

Erzkorngröße: 0.1 bis 0.2 mm, stabiles Bett: versch. Stoffe.

R_c = Reduktionsgrad aus chemischer Analyse berechnet - Gas: CO
R_g = Reduktionsgrad aus Gasanalyse berechnet - Gas: CO
R_H = Reduktionsgrad aus chemischer Analyse berechnet - Gas: H_2

Reduktionstemp. [°C]	Medium	R_c [%]	R_g [%]	R_H [%]
600	Sand	24	21	43
700		30	30	44
800		31	36	57
900		27	31	27
600	Korunit	28	40	60
700		31	55	63
800		46	50	54
900		33	50	41
600	Magnesit	20	23	29
700		31	30	34
800		31	24	39
900		32	18	27
600	Kalk	28	23	39
700		38	34	63
800		38	41	69
900		34	28	65
600	Kalkstein	37	39	13
700		53	48	41
800		22	37	40
900		28	39	24
600	Dolomit	25	20	38
700		41	42	46
800		44	29	50
900		28	26	29

Fortsetzung von Tabelle 2 (g)   Ergebnisse der Gruppe D und E

Reduktionstemp. [°C]	Medium	R_C [%]	R_g [%]	R_H [%]
600	HO-Schl.	45	42	42
700		68	57	58
800		44	49	67
900		52	43	47
600	SM-Schl.	23	22	28
700		30	29	31
800		31	29	35
900		30	25	43
600	E-O-Schl.	41	46	42
700		32	30	46
800		30	20	48
900		27	31	22

T a b e l l e 5

Siebanalysen

b.) Bei Versuchen im kontinuierlich betriebenen Wirbelbett.
   Stabiles Bett: Koks: Korngröße: 0.1 bis 0.2 mm
   Erzkorngröße: als "roh" angegeben.

Es ergab sich folgende Siebanalyse des reduzierten und von der Kohle getrennten Erzes. Das Erz/Kohleverhältnis betrug in allen Fällen ca. 1 : 9.

mm	roh	500°C	600°C	700°C	800°C	900°C	1000°C
1	-	-	-	-	-	-	-
0.5 - 1	3.000	4.336	3.765	1.790	0.247	0.117	0.229
0.4 - 0.5	32.000	28.279	27.907	13.785	3.972	2.019	2.411
0.3 - 0.4	43.000	29.131	34.870	16.346	10.898	8.400	8.253
0.2 - 0.3	19.000	13.396	14.132	9.560	13.348	12.575	13.792
0.1 - 0.2	3.000	12.077	11.006	29.073	41.744	37.125	38.789
0.1	-	12.780	8.320	29.444	29.790	39.764	36.525

Erzanalyse nach Tabelle 2

Tabelle 5 (a)

Reduktion im kontinuierlich betriebenen Wirbelbett mit Kohlenoxyd

Durchsatz: 800 cm^3/0.5 h

Erzkorngröße [mm]	Reduktionsgrad [%]		
	$R_{500°C}$	$R_{600°C}$	$R_{700°C}$
0.5 - 0.75	17	8	10
	14	13	10
	17	14	12
	16	15	12
0.3 - 0.5	23	24	26
	19	24	20
	30	18	21
	19	23	25
0.07	25	34	17
	21	30	25
	27	31	37
	23	30	32

Tabelle 5 (b)

Reduktion im kontinuierlich betriebenen Wirbelbett

Reduktion in Abhängigkeit von der zeitlichen Durchsatzmenge bei Anwendung von Kohlenoxyd und Wasserstoff.

Erzkorngröße [mm]	Gas	Reduktionsgrad bei einem Durchsatz von		
		800 cm^3	1600 cm^3	2400 cm^3/0.5 h
0.5 - 0.75	CO	10	13	10
		10	8	13
		12	12	14
		12	8	16
	H$_2$	46	28	49
		38	33	24
		39	56	24
		43	33	25
0.3 - 0.5	CO	25	37	20
		20	15	4
		21	20	9
		25	20	16
	H$_2$	54	39	32
		44	40	27
		54	32	25
		43	36	30
0.07	CO	17	21	12
		25	19	11
		37	21	15
		32	18	12

Tabelle 5 (c)

Reduktion im kontinuierlich betriebenen Wirbelbett

Reduktion in Abhängigkeit von der Versuchsdauer.
Zeitliche Durchsatzmenge: 800 cm^3/0.5 h. Erzkorngröße: 0.3 bis 0.5 mm
Reduktionsgas: CO

Temperatur [°C]	Reduktionsgrad [%] bei einer Versuchsdauer von			
	0.5	1	2	3 [h]
800	46	60	32	34
	50	64	35	27
	51	62	52	22
	45	56	33	23
900	59	56	57	69
	62	64	55	63
	57	80	50	63
	62	55	58	49
1000	68	62	63	82
	77	83	61	73
	81	78	74	68
	80	71	71	68

7. Erklärung der verwendeten Zeichen und Symbole

d	=	Korngröße [m]
d_k	=	Korngröße einer Komponente k (z.B. Kohle)
d_e	=	Korngröße einer Komponente e (z.B. Erz)
Δp	=	Druckdifferenz [kg/m^2]
v_k	=	Festkörpergeschwindigkeit einer Komponente k [m/sec]
v_e	=	Festkörpergeschwindigkeit einer Komponente e [m/sec]
v_g	=	Gleitgeschwindigkeit [m/sec]
γ_M	=	Dichte des gasförmigen Mediums [kg/m^3]
γ_f	=	Dichte des Feststoffes [kg/m^3]
γ_F	=	Feststoffkonzentration [kg/m^3]
γ_k	=	Dichte der Komponente k [kg/m^3]
γ_e	=	Dichte der Komponente e [kg/m^3]
η	=	Viskosität [kg · sec / m^2]

8. Literaturverzeichnis

[1] WENZEL, W. — Vortrag anläßlich des 50-jährigen Bestehens der Naumann-Institute der Rhein.-Westf. Techn. Hochschule Aachen

[2] H-Iron-Verfahren:
SQIRES, A.M. und C.A. JOHNSON — J. Metals 9 (1957) - S. 586 ff.
Hydrocarbon Research Inc. — The "H-Iron" process for direct reduction of iron fines - März 1956
SHARP, H.T. — Chem. Eng. (1956) - S. 110
Anonyme — Brit. Chem. Eng. dic. 1956 - S. 424 ff.
Franz. Patent-Nr. 1 091 390 und 1 147 343

[3] Stelling-Verfahren:
STELLING, O. und J. PERESWETOFF-MORATH — Jernkont. Ann. 141 (1957) - S. 237 ff.

[4] Novalfer-Verfahren:
Franz. Patent-Nr. 1 048 764
Bericht der Hohen Behörde Juni 1958 "Verfahren der dir. Reduktion von Eisenerzen"

[5] SCHENCK, H. und W. WENZEL — Die Reduktion von Eisenerzen im Elektro-Fließbett
Forsch.berichte des Wirtsch.- und Verkehrsministeriums Nordrhein-Westf. Nr. 681, Westd. Verlag Köln-Opladen 1959

[5a] WENZEL, W. — Heterogene Fließbetten und ihre Anwendung für die Reduktion von Eisenerzen
Congres International de Chemie Industrielle, Liège, Sept. 1958

[6] ILSCHNER, B. — Techn. Mitt. Krupp 17 (1959) S. 318 ff.

[7] BRÖTZ, W. — Chem. Ing. Techn. 24 (1952) S. 66 ff.

[8] LEWIS, W.K. und Mitarbeiter — Ind. Eng. Chem. 41 (1949) S. 1104 ff.

[9] EDSTRÖM, J.O. — J. Iron Steel Inst. 175 (1953) S. 289 ff.

[10] EDSTRÖM, J.O. — J. Metals 7 (1955) - S. 720 ff.
Jernkont. Ann. 142 (1958) - S. 401 ff.

[11] WIBERG, M. — Dis. Faraday Soc. 4 (1948) S. 231 ff.

[12] SPECHT jr., O.C. und C.A. ZAPFFE — Trans. Am. Inst. min. metallurg. Eng. Techn. Publ. Nr. 1960
Metals Techn. 13 (1946) Nr. 4

[13] UDY, M.C. und C.H. LORIG — Trans. Am.min. metallurg. Eng. 154 (1943) - S. 162 ff.

[14] ROSENQUIST, T. — T. Kjem. Bergves. Metallurg. 17 (1957) S. 1 ff.

[15] BOGDANDY v., L. und H.G. RIECKE — Archiv Eisenhüttenwesen 29 (1958) S. 603 ff.

[16] McKEWAN, W.M. — Trans. Met. Soc. AIME 218 (1960) S. 2 ff.

[17] EL.-MEHAIRY, A.E. — J. Iron Steel Inst. 179 (1955) S. 219 ff.

[18] THIELE, E.W. — Ind. Eng. Chem. 31 (1939) - S. 916 ff.
WICKE, E. — Z. Elektrochem. 60 (1956) - S. 774 ff.

[19] EDSTRÖM, J.O. — Jernkont. Ann. 141 (1957) - S. 457 ff.

[20] KALLING, B. und G. LILLJEKVIST — Teknish Tidskr. 56 (1926) - S. 1 ff.

[21] JOSEPH, T.L. — Trans. Am. Inst. min. metallurg. Eng. Iron Steel Div. 120 (1936) S. 72 ff.

[22] MEYER, H.H. und Mitarbeiter — Stahl und Eisen 48 (1928) S. 1786 ff.

[23] WIENER, F. — Archiv Eisenhüttenwesen 7 (1933/34) S. 275 ff. und 4 (1930/31) S. 455 ff.

[24] SCHENCK, R. und Mitarbeiter — Stahl und Eisen 50 (1930) S. 519 und 52 (1932) - S. 731

[25] ESMARCH — Elektrotechn. Lehrblätter 1932/33

[26] ARCHAROW, W.J. und G. BULYTSCHEW — Fisika Metallow i. Metallowedenije 6 (1958) - S. 1027

[27] SCHENCK, H. und H.P. SCHULZ — Archiv Eisenhüttenwesen 31 (1960) S. 691

[28] ROSENQVIST, T. — T. Kjem. Bergves. Metallurg. 17 (1957) - S. 1

[29] KUSNETZOW, A.N. — nach Chem. Abstr. 52 (1958) Nr. 14 Sp. 11689

[30] KOTSCHNEW, M.J. und A.F. PLOTNIKOWA — Iswesstija Akademii Nauk SSSR, Otdelenije technitschesskich Nauk (1958) Nr. 4 S. 118

[31] IKEDA, S. — Kagaku 28 (1958) - S. 34

[32] McKEWAN, W.M. — Trans. metallurg. Soc. AIME 212 (1958) 6 - S. 791

[33] KNACKE, O. — Archiv Eisenhüttenwesen 30 (1959) Nr. 10 S. 581

[34] EDSTRÖM, J.O. — Jernkont. Ann. 141 (1957) - S. 809

[35] SMILTERS, J. — J. Amer. Chem. Soc. 79 (1957) S. 4877

[36] MACHU, W. und S.Y. EZZ — Archiv Eisenhüttenwesen 28 (1957) S. 367

[37] BITSIANES, G. und T.L. JOSEPH — J. Metals, Trans. 7 (1955) - S. 639

[38] ARCHAROW, W.J. und W.N. BOGOSSLAWSKI — Doklady Akademii Nauk SSSR (N.S.) 98 (1954) - S. 803

[39] HOVGARD, N.A. und P.N. JENSFELT — Jernkont. Ann. 140 (1956) - S. 467

[40] MARION, F. — Doc. metallurg. 24 (1955) - S. 87

[41] MOSSKWITSCHEWA, A.G. und G.F. TSCHUFAROW — Doklady Akademii Nauk SSSR 105 (1953) S. 510

[42] ARCHAROW, W.J. und Mitarbeiter — Shurnal fisitschesskoi Chimii 29 (1955) - S. 272

[43] SASAKI, Sh. — Tetsu to Hagane 41 (1955) - S. 399

[44] ROITER, W.A. und Mitarbeiter — Shurnal fisitschesskoi Chimii 25 (1951) - S. 960

[45] ROSSTOWTZEW, Ss. T. und Mitarbeiter — Doklady Akademii Nauk SSSR (N.S.) 93 (1953) - S. 131

[46] SCHENCK, H. — Stahl und Eisen 75 (1955) - S. 682

[47] BALDWIN, B.G. — J. Iron Steel Inst. 179 (1955) S. 30

[48] CORREA da SILVA, L.C. — Bol. Assoc. Bras. Metals 16 (1960) S. 617

FORSCHUNGSBERICHTE
DES LANDES NORDRHEIN-WESTFALEN

Herausgegeben
im Auftrage des Ministerpräsidenten Dr. Franz Meyers
von Staatssekretär Professor Dr. h. c., Dr. E. h. Leo Brandt

HÜTTENWESEN · WERKSTOFFKUNDE

HEFT 4
Prof. Dr. E. A. Müller und Dipl.-Ing. H. Spitzer, Dortmund
Untersuchungen über die Hitzebelastung in Hüttenbetrieben
1952, 28 Seiten, 5 Abb., 1 Tabelle, DM 9,—

HEFT 48
Max-Planck-Institut für Eisenforschung, Düsseldorf
Spektrochemische Analyse der Gefügebestandteile in Stählen nach ihrer Isolierung
1953, 38 Seiten, 8 Abb., 5 Tabellen, DM 7,80

HEFT 49
Max-Planck-Institut für Eisenforschung, Düsseldorf
Untersuchungen über Ablauf der Desoxydation und die Bildung von Einschlüssen in Stählen
1953, 52 Seiten, 19 Abb., 3 Tabellen, DM 12,40

HEFT 50
Max-Planck-Institut für Eisenforschung, Düsseldorf
Flammenspektralanalytische Untersuchung der Ferritzusammensetzung in Stählen
1953, 44 Seiten, 15 Abb., 4 Tabellen, DM 8,60

HEFT 74
Max-Planck-Institut für Eisenforschung, Düsseldorf
Versuche zur Klärung des Umwandlungsverhaltens eines sonderkarbidbildenden Chromstahls
1954, 58 Seiten, 10 Abb., DM 14,—

HEFT 75
Max-Planck-Institut für Eisenforschung, Düsseldorf
Zeit-Temperatur-Umwandlungs-Schaubilder als Grundlage der Wärmebehandlung der Stähle
1954, 44 Seiten, 13 Abb., DM 8,70

HEFT 89
Verein Deutscher Ingenieure, Gleitlagerforschung, Düsseldorf, und Prof. Dr.-Ing. G. Vogelpohl, Göttingen
Versuche mit Preßstoff-Lagern für Walzwerke
1954, 70 Seiten, 34 Abb., DM 14,10

HEFT 96
Dr.-Ing. P. Koch, Dortmund
Austritt von Exoelektronen aus Metalloberflächen unter Berücksichtigung der Verwendung des Effektes für die Materialprüfung
1954, 34 Seiten, 13 Abb., DM 7,—

HEFT 105
Dr.-Ing. R. Meldau, Harsewinkel/Westf.
Auswertung von Gekörn — Analysen des Musterstaubes „Flugasche Fortuna I"
1955, 42 Seiten, 14 Abb., DM 8,50

HEFT 132
Prof. Dr. W. Seith, Münster
Über Diffusionserscheinungen in festen Metallen
1955, 42 Seiten, 19 Abb., 4 Tabellen, DM 9,10

HEFT 143
Prof. Dr. F. Wever, Dr. A. Rose und Dipl.-Ing. W. Straßburg, Düsseldorf
Härtbarkeit und Umwandlungsverhalten der Stähle
1955, 50 Seiten, 12 Abb., 3 Tabellen, DM 10,70

HEFT 153
Prof. Dr. F. Wever, Dr.-Ing. W. A. Fischer und Dipl.-Ing. J. Engelbrecht, Düsseldorf
I. Die Reduktion sauerstoffhaltiger Eisenschmelzen im Hochvakuum mit Wasserstoff und Kohlenstoff
II. Einfluß geringer Sauerstoffgehalte auf das Gefüge und Alterungsverhalten von Reineisen
1955, 54 Seiten, 15 Abb., 2 Tabellen, DM 12,40

HEFT 154
Prof. Dr.-Ing. P. Bardenheuer und Dr.-Ing. W. A. Fischer, Düsseldorf
Die Verschlackung von Titan aus Stahlschmelzen im sauren und basischen Hochfrequenzofen unter verschiedenen Schlacken
1955, 36 Seiten, 10 Abb., 1 Tabelle, DM 7,95

HEFT 162
Prof. Dr. F. Wever, Prof. Dr. A. Kochendörfer und Dr.-Ing. Chr. Rohrbach, Düsseldorf
Kennzeichnung der Sprödbruchneigung von Stählen durch Messung der Fließspannung, Reißspannung und Brucheinschnürung an dreiachsig beanspruchten Proben
1955, 58 Seiten, 26 Abb., DM 13,—

HEFT 170
Prof. Dr. F. Wever, Dr. A. Rose und Dipl.-Ing. L. Rademacher, Düsseldorf
Anwendung der Umwandlungsschaubilder auf Fragen der Werkstoffauswahl beim Schweißen und Flammhärten
1955, 64 Seiten, 25 Abb., DM 13,70

HEFT 205
Dr. C. Schaarwächter, Düsseldorf
Über plastische Kupfer-Eisen-Phosphor-Legierungen
1956, 36 Seiten, 10 Abb., 10 Tabellen, DM 8,30

HEFT 227
Prof. Dr. F. Wever, Düsseldorf, und Dr. W. Wepner, Köln
Untersuchung der Alterungsneigung von weichen unlegierten Stählen durch Härteprüfung bei Temperaturen bis 300° C
1956, 34 Seiten, 20 Abb., 3 Tabellen, DM 7,95

HEFT 228
Prof. Dr. F. Wever, Dr. W. Koch, Düsseldorf, und Dr. B. A. Steinkopf, Dortmund
Spektrochemische Grundlagen der Analyse von Gemischen aus Kohlenmonoxyd, Wasserstoff und Stickstoff
1956, 42 Seiten, 18 Abb., 1 Tabelle, DM 9,90

HEFT 229
Prof. Dr. F. Wever, Dr. W. Koch und Dr.-Ing. H. Malissa, Düsseldorf
Über die Anwendung disubstituierter Dithiocarbamate der analytischen Chemie
1956, 44 Seiten, 30 Abb., 5 Tabellen, DM 10,50

HEFT 230
Prof. Dr. F. Wever, Düsseldorf, und Dr. W. Wepner, Köln
Bestimmung kleiner Kohlenstoffgehalte im Alpha-Eisen durch Dämpfungsmessung
1956, 34 Seiten, 5 Abb., 2 Tabellen, DM 7,70

HEFT 234
Dr.-Ing. K. G. Speith und Dr.-Ing. A. Bungeroth, Duisburg
Versuche zur Steigerung des Kokillen-Schluckvermögens beim Stranggießen von Stahl
1956, 26 Seiten, 5 Abb., DM 6,15

HEFT 244
Prof. Dr. F. Wever, Dr. W. Koch und Dr. S. Eckhard, Düsseldorf
Erfahrungen mit der spektrochemischen Analyse von Gefügebestandteilen des Stahles
1956, 32 Seiten, 8 Abb., 2 Tabellen, DM 7,80

HEFT 263
Prof. Dr. H. Lange und Dipl.-Phys. R. Kohlhaas, Köln
Über die Wärmeleitfähigkeit von Stählen bei hohen Temperaturen: Teil I: Literaturbericht
1956, 48 Seiten, 26 Abb., 8 Tabellen, DM 10,70

HEFT 268
Prof. Dr.-Ing. G. Vogelpohl, Göttingen
Über die Tragfähigkeit von Gleitlagern und ihre Berechnung
1956, 76 Seiten, 24 Abb., 7 Tabellen, DM 16,85

HEFT 283
Prof. Dr. F. Wever und Dr.-Ing. W. Lueg, Düsseldorf
Warmstauchversuche zur Ermittlung der Formänderungsfestigkeit von Gesenkschmiede-Stählen
1956, 44 Seiten, 19 Abb., DM 9,90

HEFT 288
Dr. K. Brücker-Steinkuhl, Düsseldorf
Anwendung mathematisch-statischer Verfahren in der Industrie
1956, 103 Seiten, 27 Abb., 14 Tabellen, DM 24,20

HEFT 290
Dr. D. Horstmann, Düsseldorf
I. Der verstärkte Angriff des Zinks auf Eisen im Temperaturgebiet um 500° C
II. Einfluß eines Antimongehaltes auf den Angriff von Zinkschmelzen auf Eisen
1956, 36 Seiten, 33 Abb., 3 Tabellen, DM 11,90

HEFT 291
Dr.-Ing. H. J. Wiester und Dr. D. Horstmann, Düsseldorf
Der Angriff eisengesättigter Zinkschmelzen auf silizium- und manganhaltiges Eisen
1956, 52 Seiten, 45 Abb., 8 Tabellen, DM 12,60

HEFT 311
Prof. Dr. F. Wever und Dr. M. Hempel, Düsseldorf
Dauerschwingfestigkeit von Stählen bei erhöhten Temperaturen
Teil I: Erkenntnisse aus bisherigen Dauerschwingversuchen in der Wärme
1956, 40 Seiten, 19 Abb., 2 Tabellen, DM 10,90

HEFT 312
Prof. Dr. F. Wever und Dr. M. Hempel, Düsseldorf
Dauerschwingfestigkeit von Stählen bei erhöhten Temperaturen
Teil II: Zug-Druck-Dauerschwingversuche an zwei warmfesten Stählen bei Temperaturen von 500 bis 650°
1956, 48 Seiten, 20 Abb., 3 Tabellen, DM 13,—

HEFT 313
Prof. Dr. F. Wever, Dr. W. Koch und Dipl.-Phys. H. Rohde, Düsseldorf
Änderungen des Habitus und der Gitterkonstanten des Zementits in Chromstählen bei verschiedenen Wärmebehandlungen
1956, 76 Seiten, 29 Abb., 8 Tabellen, DM 20,90

HEFT 314
Prof. Dr. F. Wever, Dr.-Ing. A. Krisch, Düsseldorf und Dr.-Ing. H.-J. Wiester, Essen
Veränderungen im Gefügeaufbau von Chrom-Nickel-Molybdän-Stählen bei langzeitiger Beanspruchung im Zeitstandversuch bei 500°
1956, 48 Seiten, 26 Abb., 5 Tabellen, DM 11,70

HEFT 315
Prof. Dr. F. Wever und Dr.-Ing. A. Krisch, Düsseldorf
Metallkundliche Untersuchungen an Zeitstandproben   *1956, 38 Seiten, 12 Abb., DM 9,15*

HEFT 336
Dr. Tung-ping Yao, Aachen
Die Viskosität metallischer Schmelzen
1957, 64 Seiten, 28 Abb., 2 Tabellen, DM 14,40

HEFT 342
Prof. Dr.-Ing. H. Winterhager und Dipl.-Ing. W. Barthel, Aachen
Die Gewinnung von Titanschlackenkonzentraten aus eisenreichen Ilemniten
1957, 60 Seiten, 30 Abb., 6 Tabellen, DM 13,30

HEFT 348
Prof. Dr.-Ing. E. Piwowarsky † und Dr.-Ing. E. G. Nickel, Aachen
Metallurgie eines hochwertigen Gußeisens mit kompakter bis kugelförmiger Graphitausbildung
1957, 54 Seiten, 27 Abb., 5 Tabellen, DM 13,30

HEFT 349
Dr.-Ing. W. A. Fischer, Dr.-Ing. H. Treppschuh und Dr.-Ing. K. H. Köthemann, Düsseldorf
Tiegel aus Schmelzmagnesia für Vakuuminduktionsöfen   *1957, 34 Seiten, 14 Abb., DM 8,40*

HEFT 367
Dr. rer. nat. D. Horstmann, Düsseldorf
Der Angriff eisengesättigter Zinkschmelzen auf kohlenstoff-, schwefel- und phosphorhaltiges Eisen
1957, 52 Seiten, 22 Abb., 6 Tabellen, DM 12,85

HEFT 392
Prof. Dr. phil. F. Wever, Dr. phil. W. Koch, Düsseldorf, Dr.-Ing. H. Knüppel, Dr. rer. nat. B. A. Steinkopf, Dipl.-Ing. K. E. Mayer und Dipl.-Phys. G. Wiethoff, Dortmund
Untersuchungen über den Konverterrauch im Hinblick auf die spektrale Überwachung des Thomasprozesses
1957, 48 Seiten, 14 Abb., 4 Tabellen, DM 12,10

HEFT 407
Prof. Dr.-Ing. H. Schenk, Aachen, und Dr.-Ing. W. Wenzel, Bad Godesberg
Entwicklungsarbeiten auf dem Gebiete der Verhüttung von Erzstaub in Schmelzkammern
1957, 82 Seiten, 9 Abb., 18 Tabellen, DM 17,10

HEFT 408
Prof. Dr. phil. F. Wever, Dr.-Ing. W. Lueg und Dr.-Ing. H. G. Müller, Düsseldorf
Kraft- und Arbeitsbedarf beim Warmscheren von Stahl in Abhängigkeit von Temperatur und Schnittgeschwindigkeit
1957, 46 Seiten, 15 Abb., 3 Tabellen, DM 11,35

HEFT 409
Prof. Dr. phil. F. Wever, Dr. phil. W. Koch, Dr. rer. nat. Ch. Ilschner-Gensch und Dipl.-Phys. H. Rohde, Düsseldorf
Das Auftreten eines kubischen Nitrids in aluminiumlegierten Stählen
1957, 38 Seiten, 12 Abb., 3 Tabellen, DM 10,10

HEFT 410
Prof. Dr. phil. F. Wever, Prof. Dr. rer. techn. A. Kochendörfer, Dr. phil. nat. M. Hempel, Düsseldorf, und Dipl.-Phys. E. Hillenhagen, Köln
Biegewechselversuche mit Flachproben aus Alpha-Eisen-Einkristallen zur Bestimmung der Wechselfestigkeit und der Gleitspuren
1957, 112 Seiten, 58 Abb., 3 Tabellen, DM 30,—

HEFT 455
Dr.-Ing. W. A. Fischer, Dr.-Ing. H. Treppschuh und Dipl.-Phys. K. H. Köthemann, Düsseldorf
Erschmelzung von Reineisen nach dem Kohlenstoffproduktionsverfahren und Kerbschlagzähigkeit-Temperatur-Kurven dieses Eisens
1957, 38 Seiten, 7 Abb., 6 Tabellen, DM 9,35

HEFT 456
Priv.-Doz. Dir. Dr.-Ing. K. Bungardt, Essen
Zeitstandversuche an austenitischen Stählen und Legierungen
1958, 84 Seiten, 3 Abb., 4 Tabellen, DM 19,85

HEFT 457
Prof. Dr. phil. F. Wever, Düsseldorf, und Dr. phil. W. Wepner, Köln
Dämpfungsmessungen an schwach gereckten Eisen-Kohlenstoff-Legierungen
1957, 34 Seiten, 7 Abb., 3 Tabellen, DM 8,40

HEFT 458
Prof. Dr.-Ing. H. Schenk, Dr.-Ing. E. Schmidtmann, Aachen, Dr.-Ing. H. Kosmider, Dr.-Ing. H. Neuhaus und Dr.-Ing. A. Krüger, Haspe
Das Frischen von Thomas-Roheisen mit Sauerstoff-Wasserdampf-Gemischen und die Eigenschaften der damit erblasenen Stähle
1957, 62 Seiten, 56 Abb., DM 16,35

HEFT 459
Prof. Dr. phil. F. Wever, Dr. phil. O. Krisement und H. Schädler, Düsseldorf
Ein isothermes Mikrokalorimeter zur kinetischen Messung von Umwandlungs- und Ausscheidungsvorgängen in Legierungen
1957, 32 Seiten, 14 Abb., DM 10,75

HEFT 460
Prof. Dr. phil. F. Wever und Dr. rer. nat. B. Ilschner, Düsseldorf
Ein isothermes Lösungskalorimeter zur Bestimmung thermo-dynamischer Zustandsgrößen von Legierungen
1957, 32 Seiten, 7 Abb., 4 Tabellen, DM 10,40

HEFT 461
Prof. Dr.-Ing. habil. E. Piwowarsky † Prof. Dr.-Ing. W. Patterson und Dipl.-Ing. F. W. Iske, Aachen
Verbesserung der Zähigkeitseigenschaften von Bessemer-Stahlguß
1958, 54 Seiten, 15 Abb., 16 Tabellen, DM 12,75

HEFT 492
Prof. Dr. phil. J. Meixner und Dr. B. Manz, Aachen
Zur Theorie der irreversiblen Prozesse in α-Eisen
1958, 22 Seiten, 1 Abb., DM 5,70

HEFT 519
Prof. Dr. phil. F. Wever, Dr. phil. W. Koch und Dr. phil. S. Eckhard, Düsseldorf
Die spektrographische Bestimmung der Spurenelemente in Stahl ohne vorherige Abbrennung
1958, 36 Seiten, 22 Abb., DM 12,60

HEFT 542
Dr. phil. nat. G. Zapf, Schwelm
Entwicklung eines Verfahrens zur Herstellung von Formteilen aus Sintermessing
1958, 44 Seiten, 23 Abb., 7 Tabellen, DM 15,15

HEFT 552
Dr.-Ing. G. Leiber und Dipl.-Ing. D. Schauwinhold, Duisburg-Hamborn
Versuche zur Erzeugung halbberuhigten Stahles
1958, 28 Seiten, 23 Abb., 6 Tabellen, DM 11,30

HEFT 562
Prof. Dr.-Ing. H. Schenk, Prof. Dr. phil. habil. N. G. Schmahl und Dr.-Ing. G. Funke, Aachen
Die Reduzierbarkeit von Eisenerzen
1958 102 Seiten, 89 Abb., 10 Tabellen, DM 29,25

HEFT 573
Prof. Dr. phil. F. Wever, Dr. rer. nat. W. Jellinghaus und Dr.-Ing. T. Shuin, Düsseldorf
Gemischt-keramische Sinterwerkstoffe aus Aluminiumoxyd und Eisen oder Eisenlegierungen
1958, 76 Seiten, 39 Abb., 17 Tabellen, DM 22,65

HEFT 586
Dr.-Ing. W. A. Fischer und Dr. rer. nat. A. Hoffmann, Düsseldorf
Verhalten von Eisen- und Stahlschmelzen im Hochvakuum
1958, 42 Seiten, 10 Abb., 13 Tabellen, DM 14,50

HEFT 597
Prof. Dr. phil. F. Wever, Dr. phil. W. Wink und Dr. rer. nat. W. Jellinghaus, Düsseldorf
Suszeptibilitätsmessungen an hochwarmfesten Legierungen auf Nickel-Chrom- und Kobalt-Nickel-Chrom-Grundlage
1958, 34 Seiten, 10 Abb., 5 Tabellen, DM 12,—

HEFT 599
Prof. Dr. phil. W. Koch und Dipl.-Phys. Dr. phil. H. Sundermann, Düsseldorf
Elektrochemische Grundlagen der Isolierung von Gefügebestandteilen in metallischen Werkstoffen
1958, 50 Seiten, 26 Abb., 1 Tabelle, DM 17,60

HEFT 600
Prof. Dr. phil. W. Koch, Dr. phil. S. Eckhard und Dr. rer. nat. F. Stricker, Düsseldorf
Die lichtelektrische Spektralanalyse der Gase im Stahl
1958, 54 Seiten, 27 Abb., 9 Tabellen, DM 15,10

HEFT 620
Dr. rer. nat. D. Horstmann, Düsseldorf
Der Einfluß von Aluminium im Eisen- und im Zinkbad auf den Zinkangriff
1958, 30 Seiten, 17 Abb., 3 Tabellen, DM 9,40

HEFT 628
Dipl.-Ing. W. Panknin und Dipl.-Ing. W. Möhrlin, Stuttgart
Die Ermittlung der Fließkurven von Schraubenwerkstoffen
1958, 20 Seiten, 8 Abb., DM 6,40

HEFT 630
*Prof. Dr. phil. W. Koch und
Dr. techn. Dipl.-Ing. H. Malissa, Düsseldorf*
Beiträge zur Spurenanalyse im Reinsteisen
1958, 26 Seiten, 8 Tabellen, DM 7,60

HEFT 644
Prof. Dr.-Ing. F. Bollenrath, Aachen
Untersuchung einiger mechanischer Eigenschaften von Sinteraluminium S. A. P. und S. A. P.-Avional
1958, 24 Seiten, 26 Abb., DM 8,10

HEFT 697
*Prof. Dr.-Ing. Th. Gast,
Dr.-Ing. C. M. Frhr. v. Meysenbug und
Prof. Dr.-Ing. O. Krischer, Darmstadt*
Untersuchung über die Erwärmungsvorgänge bei der Verarbeitung härtbarer und thermoplastischer Kunststoffe
1959, 92 Seiten, 71 Abb., mehr. Tabellen. DM 26,90

HEFT 706
*Prof. Dr.-Ing. Dr.-Ing. E. h. H. Schenck und
Dr.-Ing. H. Esch, Aachen*
Zur Untersuchung der Hochofenvorgänge
1959, 32 Seiten, 23 Abb., DM 9,90

HEFT 737
Prof. Dr.-Ing. habil. K. Krekeler, Dr.-Ing. H. Peukert und Dipl.-Ing. J. Eilers, Aachen
Festigkeitsuntersuchungen an Rohren aus Thermoplasten
1959, 66 Seiten, 84 Abb., DM 19,40

HEFT 748
*Prof. Dr. phil. nat. habil. H.-E. Schwiete,
Dr.-Ing. H. Knoblauch und Dr. rer. nat. G. Ziegler, Aachen*
Die Hydratation der Verbindungen 3 CaO · SiO_2 und β-2 CaO · SiO_2
1959, 56 Seiten, 22 Abb., 14 Tabellen, DM 15,70

HEFT 780
Prof. Dr. phil. F. Wever, Düsseldorf
Untersuchungen von Walzölen und Walzölemulsionen im Kaltwalzversuch
1959, 68 Seiten, 28 Abb., mehr. Tabellen, DM 18,50

HEFT 788
Prof. Dr.-Ing. Herwart Opitz, Aachen
Der Einsatz radioaktiver Isotope bei Zerspannungsuntersuchungen
1959, 36 Seiten, 23 Abb., DM 11,30

HEFT 797
*Prof. Dr. phil. H. Lange und
Dr. rer. nat. R. Kohlhaas, Köln*
Über die wahre spezifische Wärme von Eisen, Nickel und Chrom bei hohen Temperaturen
1960, 115 Seiten, 38 Abb., 24 Tabellen, DM 31,20

HEFT 798
Dr. rer. nat. K. Wassmann, Mönchengladbach
Einfluß der Schutzgasatmosphäre auf die Eigenschaften von Sinterstahl
1959, 94 Seiten, 64 Abb., 18 Tabellen, DM 27,—

HEFT 799
Dipl.-Ing. H. Weiss, Frankfurt a. M.
Aufkohlung und Härtung von Sintereisen-Werkstoffen
1960, 61 Seiten, 55 Abb., DM 18,80

HEFT 800
Dipl.-Ing. O. Schindler, Hannover
Untersuchungen an geschweißten Hüttenkranen
1960, 43 Seiten, 13 Abb., DM 13,20

HEFT 801
Baurat Dipl.-Ing. Gesell, Duisburg
Ersatz von Quarzsand als Strahlmittel
1960, 66 Seiten, 12 Abb., 4 Tabellen, 17 Diagramme, DM 18,90

HEFT 833
*Prof. Dr.-Ing. H. Winterhager und
Dr.-Ing. D. H. Hermes, Aachen*
Anodennebenreaktionen bei der Silberraffinationselektrolyse
1960, 55 Seiten, 21 Abb., 10 Tabellen, DM 15,60

HEFT 834
Prof. Dr.-Ing. H. Winterhager und Dr.-Ing. K. Reiprich, Aachen
Der Glänzabbau des Reinstaluminiums in Flußsäure enthaltenden chemischen Glänzbädern
1960, 92 Seiten, 88 Abb., 7 Tabellen, DM 27,30

HEFT 840
*Prof. Dr. phil. F. Wever, Dr.-Ing. H. G. Müller und
Dr.-Ing. P. Funke, Düsseldorf*
Versuchsmäßige und rechnerische Bestimmung von Walzkraft und Drehmoment unter Einwirkung von Bandzugspannungen beim Kaltwalzen von Bandstahl
1960, 36 Seiten, 12 Abb., 3 Tafeln, DM 10,90

HEFT 841
Dr. rer. nat. H. Blanck, Düsseldorf
Untersuchungen zur Kinetik des Martensitzerfalls
1960, 33 Seiten, 11 Abb., 2 Tabellen, DM 10,30

HEFT 849
Dir. L. Martin, Wuppertal-Elberfeld, und F. Steiner, Ratingen
Weiterentwicklung von Friktionswerkstoffen
1960, 66 Seiten, 70 Abb., 3 Tabellen, DM 20,50

HEFT 939
Prof. Dr.-Ing. habil. Wilhelm Petersen und Dipl.-Ing. Hans Mingenbach, Dozentur für Brikettierung der Technischen Hochschule Aachen
Untersuchungen über die Herstellung von Erzbriketts
1961, 84 Seiten, 67 Abb., 2 Tabellen, DM 25,60

HEFT 957
*Prof. Dr.-Ing., Dr.-Ing. E. h. Hermann Schenck,
Prof. Dr.-Ing. Eugen Schmidtmann und Dr.-Ing. Helmut Brandis, Institut für Eisenhüttenwesen der Technischen Hochschule Aachen*
Mechanische und physikalische Prüfverfahren zur Ermittlung der Vorgänge bei der Abschreck- und Verformungsalterung
1961, 48 Seiten, 34 Abb., DM 14,90

HEFT 958
*Prof. Dr.-Ing., Dr.-Ing. E. h. Hermann Schenck,
Prof. Dr.-Ing. Eugen Schmidtmann und Dr.-Ing. Heinz Müller, Institut für Eisenhüttenwesen der Technischen Hochschule Aachen*
Untersuchungen zur Isolierung von Einschlüssen und Korngrenzensubstanzen in Eisenwerkstoffen nach dem Dünnschliffverfahren. Innere Oxydation von Eisenlegierungen
1961, 50 Seiten, 33 Abb., 1 Tabelle, DM 15,90

HEFT 961
Prof. Dr.-Ing. Wilhelm Patterson und Dr.-Ing. Dietmar Boenisch, Gießerei-Institut der Technischen Hochschule Aachen
Eigenschaften und Eigenschaftsänderungen der Tonmineralien in Formsanden
1961, 34 Seiten, 16 Abb., DM 10 90

HEFT 962
Prof. Dr.-Ing. Wilhelm Patterson und Dr.-Ing. Philipp Schneider, Gießerei-Institut der Technischen Hochschule Aachen
Untersuchungen über die Oberflächenfeingestalt von Gußstücken
1961, 70 Seiten, 52 Abb., 1 Bildtafel, DM 20,80

HEFT 963
Prof. Dr.-Ing. Wilhelm Patterson und Dr.-Ing. Wilhelm Weskamp, Gießerei-Institut der Technischen Hochschule Aachen
Versuche zur Steigerung der Temperatur in der Schmelzzone des Kupolofens und zur Erzielung eines optimalen thermischen Wirkungsgrades durch Verwendung von HC-Koks in unterschiedlicher Stückgröße

HEFT 964
Prof. Dr.-Ing. Wilhelm Patterson und Dr.-Ing. Friedrich Iske, Gießerei-Institut der Technischen Hochschule Aachen
Zusammenhang zwischen den mechanischen Eigenschaften im Gußstück und im getrennt gegossenen Probestab
1961, 82 Seiten, 53 Abb., 13 Tabellen, DM 23,80

HEFT 968
Prof. Dr.-Ing. habil. Anton Königer und Dipl.-Ing. G. Engels, Verein Deutscher Gießereifachleute, Düsseldorf
Zur Kenntnis der Passivierbarkeit und Korrosionsbeständigkeit technischer Eisensorten
1961, 26 Seiten, 7 Abb., 8 Tabellen, DM 8,90

HEFT 969
Prof. Dr. phil. Erich Scheil und Dipl.-Ing. G. Engels, Verein Deutscher Gießereifachleute, Düsseldorf
Über den Zustand von Metallschmelzen
1961, 38 Seiten, 23 Abb., 1 Tabelle, DM 11,90

HEFT 970
Prof. Dr.-Ing. habil. Anton Königer und Dipl.-Ing. G. Engels, Verein Deutscher Gießereifachleute, Düsseldorf
Der Einfluß verschiedener Begleit- und Legierungselemente auf das Viskositätsverhalten von Gußeisenschmelzen
1961, 26 Seiten, 14 Abb., 6 Tabellen, DM 8,60

HEFT 1016
Dr. rer. nat. Werner Jellinghaus, Max-Planck-Institut für Eisenforschung, Düsseldorf
Sinterwerkstoffe aus Nickel oder Nickelaluminid mit Aluminiumoxyd

HEFT 1057
*Prof. Dr.-Ing. Dr.-Ing. E. h. Hermann Schenck,
Dr.-Ing. Werner Wenzel und Dr.-Ing. Hanns Dieter Butzmann, Institut für Eisenhüttenwesen der Technischen Hochschule Aachen*
Die Reduktion von Eisenerzen im heterogenen Wirbelbett

Ein Gesamtverzeichnis der Forschungsberichte, die folgende Gebiete umfassen, kann bei Bedarf vom Verlag angefordert werden:
Acetylen / Schweißtechnik - Arbeitswissenschaft - Bau / Steine / Erden - Bergbau - Biologie - Chemie - Eisenverarbeitende Industrie - Elektrotechnik / Optik - Fahrzeugbau / Gasmotoren - Farbe / Papier / Photographie - Fertigung - Funktechnik / Astronomie - Gaswirtschaft - Hüttenwesen / Werkstoffkunde - Kunststoffe - Luftfahrt / Flugwissenschaften - Maschinenbau - Medizin / Pharmakologie / NE-Metalle - Physik - Schall / Ultraschall - Schiffahrt - Textiltechnik / Faserforschung / Wäschereiforschung - Turbinen - Verkehr - Wirtschaftswissenschaft.

If you have any concerns about our products,
you can contact us on
ProductSafety@springernature.com

In case Publisher is established outside the EU,
the EU authorized representative is:
Springer Nature Customer Service Center GmbH
Europaplatz 3, 69115 Heidelberg, Germany

Printed by Libri Plureos GmbH
in Hamburg, Germany